服饰的温度

——母性文化视野下西南侗族服饰研究

服饰的温度

——母性文化视野下西南侗族服饰研究

中国传统服饰文化系列
国家社科基金艺术学项目丛书

张国云 著

服饰的温度

——母性文化视野下
西南侗族服饰研究

中国纺织出版社有限公司

贵州传统村落黄岗侗寨老年女性

序

| Preface |

　　百越各民族服饰艺术是中国南方传统服饰文化的基础，侗族服饰艺术承载了百越民族壮侗语族的服饰特征，也开创了侗语支系服饰艺术的自我格局。

　　侗族服饰，低调而深沉，朴素却又宏大。我们从视觉图像来审视侗族服饰：它是一种生命的艺术，母性的辉煌在此得到展示；它是一种爱的艺术，侗族女性博大的胸襟在此显示；它也是一种古拙而智慧的艺术，中国传统的手工技艺在此完美呈现。

　　母亲、母神在此相合，天、地、人在此同框。

　　侗族服饰艺术历经百越迁徙、战乱洗礼，从历史的长河中走来。山川河谷中的鼓楼与家园，大祖母神的神圣与神秘、民风礼仪的淳朴，珠郎娘美的美丽爱情故事，女性英雄人物的传说与传奇，都在此不断呈现，世代传承，记录着这个民族一路走来的历史，向世人显示着侗族母性文化的光辉与伟大。

　　侗族服饰的母性温暖，在直观视觉上恢宏壮阔，在形式语言上多元而又统一，在想象空间中让人神思眺望，在民俗洗礼中人们心灵交会，在装饰表达中朴素而直接，在文化符号中传递温情……

　　侗族服饰，一部民族文化的形象史诗，替代文字记载着充满母性温暖的世界。

　　本书为2016年度国家社科基金艺术学一般项目成果（项目批准号：16BG124）。

张国云

2024年6月15日

前　言
| F o r e w o r d |

　　我国西南地区众多的少数民族非遗服饰中，侗族服饰占据一席之地，2014年被列入第四批国家级非物质文化遗产名录。国内自20世纪以来已经有一部分学者一直对侗族服饰的各个方面的发展进行研究与探索，这些研究者有的本身是侗族学者，他们的研究大都从宏观的角度出发，对侗族服饰文化、历史、纹饰符号等方面进行探讨。其中1994年由《汉声》杂志社出版的张柏如先生的《侗族服饰艺术探秘》一书，将田野考察与文献、神话传说等史料结合，对侗族服饰的起源与发展、禁忌、功用等进行系统论述，尤其对不同区域的侗族服饰纹饰符号、穿戴方式、手工技艺等进行了详细的分析与考证，为后续侗族服饰的研究提供了丰富的一手资料。21世纪以来，针对我国西南少数民族服饰文化方面的研究越来越多，也越来越细化，研究侗族服饰的学者也日渐增多，从研究方向与成果来看，大致可分为三种类别，一是侗族服饰染、织、绣技艺研究，二是侗族服饰文化研究，三是侗族服饰传承保护的探讨。2006年由云南大学出版社出版，杨源老师主编的"中国民族服饰工艺文化研究"系列丛书中的《侗族织绣》《侗族亮布》，主要对侗族女性手工刺绣及亮布工艺过程进行田野记录、整理与分析。2011年苏州大学出版社出版、笔者撰写的《贵州侗族服饰文化与工艺》一书主要从贵州黎平、从江、榕江三个区域对侗族服饰款式、结构、工艺与文化进行了整理与记录。2014年由广西人民美术出版社出版的《侗族服饰》一书，将侗族服饰分为两类九式40多款，展示了湘黔桂地区侗族服饰的制作工艺。2017年由中国社会科学出版社出版，中央民族大学周梦撰写的《贵州苗族侗族女性传统服饰传承研究》一书，从苗侗女子服饰对比的角度进行分析，探讨同一场域下不同民族服饰的文化特色。除了著作方面，近年来，侗族服饰研究的相关论文也越来越多，学者们大都从人类学、文化学、社会学和生态学等角度进行论述。湖南师范大学张云婕的博士论文《侗族传统服装艺术研究》从文化学探讨侗族服饰的历史与未来发展（2019年）；杨毅《生态美学视阈中的侗族服饰研究》（2013年）、陈结媚《三江侗族民间刺绣的艺术人类学阐释》（2011年）等相关成果主要从生态学、人类学角度论述不同支系侗族服饰的生存状态；曹寒娟《侗族服饰文化在社会转型期的演变研究》（2010年）等

相关论文，提出侗族服饰由"静态保护"向"活态保护"方式转变的观点。国外关于侗族服饰研究相对较少，大部分从语言学的角度，针对壮侗语族中的侗水支系进行研究。如法国的艾杰瑞、沙加尔，美国的白保罗等学者，对古代南方壮侗语族语源研究较为深入。白保罗的《汉藏语概要》（1972年）提出了我国古代壮侗语族对东南亚壮傣语族的影响问题。在服饰研究方面，有日本的鸟丸贞惠与鸟丸知子母女（2010年）对贵州少数民族包括侗族在内的服饰手工技艺进行调查整理等。

本书主要围绕侗族服饰中的母性文化特征进行论述，分析侗族文化中的母神崇拜，隐喻的母性符号、直观的母爱表达，女性在服饰生产与创作中的重要作用以及整理侗族非遗服饰的多元文化交融发展等几个方面。研究内容包括：侗族女性服装造型分析，侗族女性嫁衣盛饰的母性符号解读，侗族儿童服饰中的母爱呈现，侗族手工技艺中的女性主体特色以及侗族服饰符号中的母性隐喻等。

第一章中从母系遗存角度阐释侗族文化中的母性特征。结合中原文化、百越文化、侗族农耕文化之间的特征，探讨母神、母系氏族文化与侗族母性文化符号的联系。第二章从历史发展的角度探讨侗族女性服装独立与自立的过程。从早期侗族男女服饰相同到分离的历史脉络整理，对女性服装十字型结构、多层的穿戴装饰等进行分析，探讨侗族女子服装发展脉络以及农耕社会对女性服饰的影响。第三章从母性叙事的角度分析侗族女子嫁衣盛饰中的母性文化。第四章从侗族男女服饰的区别以及女性服饰的代表性特征说明侗族服饰符号中的性别指向。分析侗族服饰从早期的共同穿戴到逐渐分化，再到独立的女性穿戴服饰出现，呈现了服饰与性别、身份在侗族族群社会阶级结构变换与发展中的功能与作用。第五章从侗族儿童服饰的造型特征分析侗族女性的母爱思维。从童帽、背扇到口水围等儿童服饰中分析侗族母亲的思维方式与母爱表达。第六章从侗族女性传统手工艺的表现与过程来探讨和分析她们的技术文化与日常生活方式的关系。从侗族生活、生产的主体，即女性的角度出发，分析侗族女性传统手工技艺的发展过程，系统地整理归纳出古代与现代侗族女性传统手工技艺传承与发展脉络以及对生活、生产方式的影响。第七章主要探讨侗族服饰图形中的母性符号表达。从侗族服饰中的图形、纹饰符号入手，分析侗族服饰中的母性隐喻，探索并归纳侗族传统服饰中独特的母性思维方式与风格特征。第八章从侗族服饰文化与非遗传承的角度来探讨侗族服饰中的女性造物思想与传统手工艺的传承保护现状。

研究思路与方法上，采用三元论证法，即一方面以文献史料为依据，另一方面结合民间田野考察实物，与文献史料互证，最后借鉴文化学、民族学等理论，通过不同区域的侗族服饰对比，以及侗族服饰与中原地区服饰的比较研究，从横向的角度来分析、归纳侗族服饰母性文化的独特性与多元性，具体如下：

首先，对西南侗族分布区域进行田野考察。从2009年开始，对我国西南侗族聚居区进行了为期十余年的田野调研。按照我国侗族分布的三个主要区域——广西的三江、融水；贵州的黔东南；湖南的通道、靖州进行考察。考察的第一站从贵州的黎平、从江、榕江、镇远开始，逐渐深入广西的三江独峒、同乐，湖南的通道等众多侗寨，同时对相关侗族村寨进行了反复多次的深入调研考察。考察内容主要包括侗族生活日常、风俗民情、节日礼仪、婚俗活动、民族信仰、服饰穿戴等，如对每年农历三月三的"情人节"、阳历四月的"谷雨节"、农历六月的"喊天节"、七月七的"吃新节"、十一月的"侗年"、十三年一次的"牯藏节"等一年四季与母性文化相关的各类节日活动进行考察，获得了一手资料，包括侗族各个传统节日的风俗、婚丧嫁娶的礼仪过程、人们的日常生活习俗和传统服饰非遗传承人的制作技艺等，并根据考察收集的资料进行归纳、整理，分析不同地域服饰的异同点。

其次，通过对涉及西南少数民族的古籍文献进行梳理，寻找与服饰、习俗、生活生产方式以及手工技艺等有关的文献记载。相关古籍文献资料包括史类以及不同历史时期的经书、子集、地方志、个人传记、游记等，如秦汉时期编撰的《淮南子》《后汉书》《汉书》《史记》《荆楚岁时记》等；隋唐时期编撰的《隋书》《蛮书》《艺文类聚》等；宋代编撰的《新唐书》《溪蛮丛笑》《岭外代答》《老学庵笔记》《事物纪原》《桂海虞衡志》以及《十三经注疏》等；

元明时期编撰的《宋史·西南溪峒诸蛮》《五溪蛮图志》《炎徼纪闻》《思南府志》《贵州图经新志》等；清代编撰的《明史》以及记载西南地区的各类古籍，如《贵州通志》《古州厅志》《苗蛮图说》《皇清职贡图》《广雅疏证》《黔书》《续黔书》《峒豀纤志》《古州杂记》《黔南职方纪略》等；民国时期编撰的《清史稿》《史林杂识·抛彩球》《麻江县志》《岭表纪蛮》《龙胜厅志》《苗荒小记》《贵州边胞风习写真》等。通过对以上文献中的侗族服饰与文化的记录整理，厘清古代侗族服饰、工艺材料以及不同文化交融的发展脉络。历史学方面的文献资料主要来自当下的一些学者、专家们的服饰史、民族史、民俗学等方面的书籍，如《中国古代服饰研究》《侗族简史》《百越源流史》《贵州通史》《中国内衣史》《中国古代服饰史》《图腾艺术史》等。通过以上史论资料整理出侗族服饰造型与我国中原服饰文化的关联性。

最后，依据人类学、文化学、语言学等理论资料对侗族服饰中的母性文化特征进行分析研究，如《两性社会学：母系社会与父系社会之比较》《第二性》《中国古代社会研究》《文化论》《原始文化》《图腾与禁忌》《中国少数民族通论》《文化模式》《原始思维》《当代人类学》《文化人类学的十五种理论》《原始艺术》《野性的思维》《文化人类学》《中国天文考古学》《儿童文化引论》等。通过以上文献探讨了侗族社会母神、母系氏族文化以及母性思维方式特征。

目 录

| Contents |

第一章

母系遗存：
侗族文化中的母性特征

第一节　女性与母性

　　"女"字的甲骨文为 ，从古汉字直观性和概括性的特征来看，像一个人双手环抱于胸跽坐的形象。《说文解字》中释义"女"字为"妇人也，象形"，跽坐是"女"字的首要特征，"跽"为长跪之意。唐朝以前，古人无凳，皆是铺席于地，以臀部贴脚后跟而坐。长跪是人体在坐的基础上，将臀部离开脚后跟，腰伸直，是一种符合礼数的姿势，称为"跽"。双手环抱、交叠是"女"字的第二特征。在古代社会，双手环抱叠加可以理解为两种，一种是早期古人的礼仪样式，另一种是描绘母系社会生产方式中女子双手采集食物的美好形象。"女"字的象形文字很好地解释了女性形象，女性和男性共同构成了人类社会的主体。在《易经·序卦》中提到"有天地然后有万物，有万物然后有男女，有男女然后有夫妇，有夫妇然后有父子"。这里面不仅提到了人类是天地万物之后，也提到了男、女和夫、妇两种身份类别。妇是已婚女子，俗语常说"嫁作他人妇"，由少女到妇再到母是女子生命中的两个重要阶段。因此，古代甲骨文中的 字，包含了女性一生不同阶段的身份即少女、妇女、母亲以及祖母的意蕴。

一、女性与女性文化

　　女性文化是很宽泛的话题，包括一切涉及女性的生活、社会、经济、价值观、宗教信仰等各个方面。英国社会人类学家马林诺夫斯基在《文化论》中说："文化是指那一群传统的器物、货品、技术、思想、习惯及价值而言的，这概念包容着及调节着一切社会科学。……文化的各个方面包括物质方面、精神方面、语言以及社会组织等。"❶女性本体包括自然性、社会性和精神性。自然性即女性的生物性能，社会性和精神性则包括宗教、风俗、习惯、心理等一切社会活动。女性不同阶段生长过程的自然性、社会性和精神性是女性文化理论体系中的重要一环，林语堂在《生活的艺术》一书中提到人类文明史是由女人开始的，女性对于男性来说是温和，温和即文明。美国城市理论家刘易斯·芒福德对人类起源早期女性的描述亦是如此，他说："在农业革命之前，很可能先有过一场'性别革命'，这场变革把支配地位不是给了从事狩猎、灵敏迅捷和由于职业需要而凶狠好斗的男性，而是给了较为柔顺的女性，……这里，女人的特殊需要，女人所担忧的各种事情，女人对生育过程的熟悉，以及女人温柔慈爱的本性，必定都起

❶ 马林诺夫斯基.文化论[M].费孝通，等译.北京：中国民间文艺出版社，1987：02.

过重要的作用。……女人在这种新经济中的中心地位也随之确立。"❶可以说，女性是人类文明发展史的创始者，女性文化又是构建人类文化发展史的重要成分。在文明高速发展的今天，女性文化特征也拥有这个时代的独特性和重要地位。

英国自由撰稿人玛格丽特·沃特斯在其《女权主义简史》中提到，随着社会分工的不断变化，女性的社会身份、地位的变迁，女性文化的发展繁荣也在不同的历史时期产生了不同的诉求与表现，至20世纪初兴起一种新的女性文化表现——女权主义即女性主义。她提到有关早期的女性主义意识主要是来源于神的母性经验。在其之后，女权主义开始关注女性的社会身份、地位等。中国的女性主义在20世纪40年代兴起，女性独立自我的意识与需求呈现出多维化、个性化的特征。可以说近代女权运动的兴起和发展，为女性文化以及女性本身地位的提高做出了贡献，但不可否认的是，女性主义的起源与最原初的思想依然是母性经验。

二、母亲、母系与母神

（一）母亲

自古至今，母是人类共同的话题。中国最早的"母"字符号来源于甲骨文中的 字。甲骨文中的 字加上两点，即 ，象征母亲哺乳孩童的乳房。《仓颉篇》中释义"母"字中的两点，象征女性的乳房之形。在辞源中"母"本义为母亲，亦释义为女性尊长、老妇的通称、雌性特征、本源之意。《道德经》中的"无名天地之始，有名万物之母"同样指出母为万物之源，万物之母。《易经·说卦传》中提到"坤为地，为母""晋，受兹介福，于其王母"。《楚辞·天问》中也记载"女岐无合，夫焉取九子？"女岐是上古时期的始祖，由她繁衍出众多的女儿氏族和孙女儿氏族等，形成早期的母系氏族社会，也由此而产生了众多的母神崇拜和神话故事。《说文解字》中描述"母，牧也。从女，象怀子形。一曰象乳子也。"从"母"字的各种释义中可以看出人类从女到母的发展历程是以孕育生命为基础的。

针对母性的探讨，不同国别、文化背景的学者的研究方向各不相同，主要包括两个方面，一个是以道家哲学思想为基础的老子母性生殖崇拜研究，另一个是以美国哲学家拉迪克为代表的现代西方母性关怀理论的研究。

老子的《道德经》开篇中提道："道可道，非常道；名可名，非常名。无，名天地之始；有，名万物之母。"道家哲学思想中强调母性生殖崇拜，体现了母亲是生命的源头等观念。仪平策在《论中国母性崇拜文化》一文中认为，道、名、始三字是对母性阐释的关键。首先是"道"，《韩非子·解老》释义为："道者，万物之所然也。"即"道"是万物之源，是宇宙的本

❶ 刘易斯·芒福德.城市发展史：起源、演变和前景[M].倪文彦，宋俊岭，译.北京：中国建筑工业出版社，1989：8-9.

质和实质。其次是“名”,《说文解字》中曰:“名,自命也。从口,从夕。夕者,冥也。冥不相见,故以口自名”。即把一个人的特征具象化成一个称谓,可见《老子》的“名”是一种意象的形。最后是“始”,天地之始的始是一种原初状态,《说文解字》释义“始,女之初也”,可见“始”字的本义为女子怀孕之初。同样,老子又提到“谷神不死,是谓玄牝。玄牝之门,是谓天地根。”此处“玄牝”等同于女性生殖器官,老子将天地万物根源的道喻为“玄牝之门”,可见其对母亲是生命之源的强烈赞美。从老子的哲学思想中可知,母性是女子先天所拥有的品格,是能够与天地相媲美的一种气质。

从西方母性关怀理论来看,以美国哲学家拉迪克所代表的研究者,从伦理学的角度探讨西方社会文化制度和实践背景下母亲的功能与特征,形成了西方社会文化中对母性的思考,她提出母性特征是超越性别关怀的一种母爱气质,即任何一个对孩子进行了保护、教育和培养的人,无论是孕育生命的女性,还是没有生育的女性,甚至是男性,都可以称为具有母亲意义的母性文化特征。这种母性特征更加宽泛,超越了女性本体生理上的一种原始本能,也超越了世俗中母亲性别的伦理观念。

(二)母系

关于母系社会文化,原始文化学者们有着不同的说法。邓初民在其《社会进化史纲》一书中提到氏族社会必定是母系社会。蔡和森在其《社会进化史》一书中也谈到原始母权氏族在原始学中异常重要,它是后来各开化民族父权氏族之前的新发明。吕振羽《史前期中国社会研究》一书提出尧、舜、禹时期子女属于母的氏族,以母的氏姓为氏姓,也是男子出嫁、女子娶夫的社会时期。张允熠在《阴阳聚裂论》一书中对母系氏族社会结构进行了分析,认为其发展可分为两个阶段,在母权制时代,妇女支配着一切,她们成为原始共产制氏族经济的主宰者、生产过程的组织者和消费过程的分配者。母系氏族时代先后大致经历了两个阶段,第一阶段是群婚相联的社会组织形式,第二阶段是对偶婚相联的社会组织形式。在群婚时代,女人从事采集,男子渔猎。由于群婚是按级别划分一群兄弟与另一群姐妹或一群姐妹与另一群兄弟之间的婚姻关系,故所生子女知其母而不知其父,世系只能从母计,财产也只能按母系继承。对偶婚时代妇女经营农业,管理氏族事务和经济生活,从而向一夫一妻制过渡。总体看来,母系氏族是原始社会的主要形式,是以女性血脉传承为主体的一种社会文化体系,包括原始的生产方式、婚姻形式、氏族制度、母权制度等,也是父系社会的开端并依然在父系社会中保有一席之地。

我们也可以从象形文字中姓氏发展的脉络上来寻找母系社会文化中女性的母性表征。母系氏族社会的女性既拥有着男性刚健的人格魅力,也有着女性天生的敏感、细腻的特质,对自身的性别特质虽不能进行清晰的了解和认识,不过作为自然界的产物,这一时期的女性能够自由自在地书写着她们与大自然同质同构的生命个体。在《说文解字》中“姓”释义为:“人所生也。古之神圣母感天而生子,故称天子。从女、从生,生亦声。”如尧“从母所居为姓”、舜随母姓"姚氏"等，姓的甲骨文为𡉫，即女与生组合而成。可见，古代的姓字产生是延续母系氏族社会女性的母性基因符号。在中国上古时期的姓中都是带有女旁的字，如姜、姬、姚、嬴、嫩、妊等，追根溯源它们都创造于母系社会，而这些姓氏的大部分也一直延续到今天。我们从最早的黄帝与炎帝的两大姓姬与姜的古汉字进行分析。在《说文解字》中有："姬，黄帝居姬水，以为姓。从女，臣声。""姬"的甲骨文为𦳅，从整个字体结构来看，右半部为甲骨文"女"字，左边为甲骨文"乃"字，类同于女性的乳房，突出女性的生殖符号。从"母"字中可知，突出乳房是象征哺育生命的特征，因此"姬"字不仅是中国最古老的姓氏之一，也是最早女性孕育生命的形象语言，成为母系社会描绘"美丽的女人"的代表符号，拥有繁衍不息、繁荣昌盛的寓意，承载着母系社会时期人们对生殖的崇拜和对母亲的赞美。

氏是母系氏族社会时期针对男人的称呼。在《梁启超论中国文化史》一书中提到今天的姓氏与上古时期意义不同，他引用《通志·氏族略》一书的"序""三代之前，姓氏分而为二，男子称氏，妇人称姓"的说法，认为早期姓氏是按照性别来分的，女性主导姓氏，而今天的姓氏合二为一，是父系社会成立以后的产物。同样，马克思在《资本论》第一卷中也提出了人类社会发展中氏族的形成是以血缘为基础的自然形成的原始形式。由此，可以解释姓氏从母系到父系的发展变迁过程，从周公后代如孟孙氏、仲孙氏、季孙氏等男子称为氏来看，姓氏是原始社会母系血缘关系最为主要的象征符号之一。自周以后，父权逐渐占据主导，姓与氏之分逐渐变化，开始趋于男姓女氏之别，姓与氏的地位从此改变，并一直延续至今，成为中华传统文化的一个象征。

综合以上，女性身份一生有四个阶段：少女、妇女、母亲、祖母，从其变化发展来看，母亲角色是女性一生中质的转变，这种变化集聚了女性所有自身的情感、爱和责任，构成了女性生理、心理上独有的母爱情感特征。母系则容纳了人类社会所有母亲的集合体，包括了女性的血脉延续、母亲的职责等母性社会特征。由此，母性文化主要突出的是女性作为母亲这一角色之后所产生的生理、心理变化，社会生活方式和在社会中所处的身份地位等，最明显的就是母亲对生命的繁衍和教育保护两个方面所表现出来的一种社会角色文化。依据母系氏族社会的特征，母系文化所产生的表象符号是姓与氏，通过姓、氏构成母系的社会组织结构，并以基于原始农业的生产方式为主体。在数据化的时代，科技领域迅猛发展，人工智能技术实现了前所未有的突破，人类与机器融为一体也将成为现实，但人类本身情感的问题依然是复杂的，亦是机器所无法替代的。在当下，女性问题一直受到关注，少女—妇女—母亲—祖母，这四个阶段是女性一生的写照，也是母性文化的主要内容与范畴。

（三）母神

母神是人类生命起源中重要的神话主题。从生理角度出发，从女性到母神的转变，女性的繁衍生殖特征决定了女性至高无上的地位，也产生了各种不同的母神题材的神话传说和母神崇拜。如古希腊创世神话中的始祖地母盖娅、珀耳塞福涅造人、中国神话传说中的女娲娘娘造人等远古时期的神话传说等（图1-1）。

图1-1　古希腊神话与中国神话中的母神

　　人类有生产资料的生产和人自身的生产两种。在石器时代，母神形象产生和崇拜的起因包括三个方面：能够孕育生命的女性身体、生长万物的土地以及女性的生产方式。

　　第一，女性身体外在形态是人们表达母神崇拜的一个窗口。人类自身的生存和繁衍是最主要的两大任务。当时的人们无法理解生殖繁衍的真正科学内涵，而是把生殖能力看作是女性的一种神秘功能，一种特有的魔力，女性也因此被认为是操纵着整个生殖过程的神灵。如在《山海经·海内东经》中郭璞注载："华胥履之而生庖羲氏。"《竹书纪年》："黄帝轩辕氏，母曰附宝，见大电绕北斗枢星，光照郊野，感而孕。二十五月而生帝于寿丘。"[1]华胥履、附宝皆是远古母系氏族社会母神的典型形象。马林诺夫斯基在《两性社会学》中分析："神话所述的始祖群永远都是借着妇人出现，她有时被图腾兽伴着，未曾被丈夫伴着。有些神话鲜明地描写始祖传种的方法。她最初传嗣的方法是：不小心地赤露于雨中；或在山洞里仰卧着，被石钟乳穿伤；或在水中浴身，被鱼咬破。她就这么被大自然开发了之后，一个魂灵小孩就要钻到她的子宫，使她受孕。因此，神话所显示的，不是父亲的创造能力，乃是女祖自然的生育能力。"[2]可以看出，西方古代神话中的母性生殖能力来自自然的力量而非男性。所以因生殖而产生的母神崇拜是世界各地的人们最原初的意识，这种意识也影响了人类对女性形象的塑造，她们往往被赋予一种外形上生殖部位的突出设计，而非脸部描写。这些女人体都是

❶　吴敬梓.吴敬梓集系年校注（卷六）[M].李汉秋，项东升，校注.北京：中华书局，2011：564.
❷　马林诺夫斯基.两性社会学[M].李安宅，译.北京：中国民间文艺出版社，1986：104.

极力地突出女性的形体特征，如古代欧洲雕塑艺术往往都是将女性设计为裸体，并对胸部和生殖器做突出表现。奥地利出土的小雕塑，被称为"维林多夫的维纳斯"，其整个造型细腻地刻画并突出了与生殖有关的乳房、腹部、生殖器等部位，而头部、手臂等则刻画得非常简略（图1-2）。法国罗塞尔出土的浮雕手持角杯女性裸体神像，胸部、臀等部位夸张的描写，突出了女性的生殖性征，也是对其生殖能力的赞美（图1-3）。

中国传统文化中崇拜的母神形象亦同样有着对女性性征的描述，只是这种性征是一种比拟的手法，使之更具有象征性和符号性。墓室壁画中用人形和蛇身结合构成一个完整的女娲娘娘形象（图1-4）；在我国南方百越民族也各自有着自己独有的母神

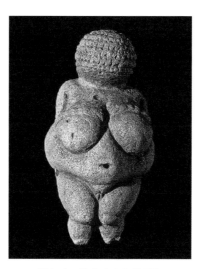

图1-2　维林多夫的维纳斯

图1-3　手持角杯女性裸体神像

形象，如图1-5所示，在苗族社会中，蝴蝶是创造和繁衍人类的始祖，它不仅象征美丽，也象征着女性的生育，于是在苗族的刺绣、剪纸以及各类纹饰中，人们都会运用拟人的手法来描绘出具有女性的面容与身体的蝴蝶妈妈形象，使得蝴蝶妈妈的女性符号更加直观。侗族社会则同样有着自己的祖母神文化，常常用伞、太阳等象征符号来表现祖母神的形象。

图1-4　女娲娘娘

图1-5　苗族蝴蝶妈妈

第二，孕育生命的土地与女性身体一样成为早期人类母神崇拜的原因之一。在远古人类的意识中，自然界中的土地能够生长万物，与母性生殖特征有着同质类比性。土地生长万物，滋养人类，被看作与女性一样有着生育与养育的功能，与女性繁衍生命、壮大部族是同类的。我们的先民也很早就对溪谷、洼地产生崇拜，如老子提出的"谷神不死，是谓玄牝"、《说文解字》中的"祇，地祇，提出万物者也"、《易经》中的"坤也者，地也，万物皆致养焉"等都是为山川大地赋予了母性特征。大地之神最初被定义为女性，亦称作后土，即土母、地母。"后"的本义，又

是表征母亲生子，引申为女神、母神，因此，有了社会意义上的后宫、皇后、后妃等称谓。古罗马卢克莱修也曾说："大地获得了母亲这个称号，是完全恰当的，因为一切东西都是从大地产生出来。"[1] 正因如此女性的生殖能力被看作与地母一样神圣和神秘；土地能够生长万物、养育人类，与母系氏族社会母亲繁衍生命并养育生命的作用是一样的，因此作为万物之母的土地与作为人之母的女性都是母系社会尊崇的对象，繁衍与养育也就成为早期人类对母性崇拜的主题。

第三，女性的生产方式——采集食物、抚育生命是人类对母性崇拜的主要原因之一。人类之初，生产力极为低下，以原始农业如植物采集等作为主要的食物来源，这种生产方式依据遗传学研究是女性的特长，在美国学者坦娜希尔《历史中的性》一书中说道："千百万年以来，男人一直是动物的研究者，而妇女则是植物方面的专家""作为狩猎者的男人最终变成了牧人，而作为采集者的女人则被转化成为农民。由此而产生的变化将会对男女关系的未来产生难以估量的影响。"[2] 恩格斯在《家庭、私有制和国家的起源》中谈到，生产本身有两种，一方面是生活资料即食物、衣服、住房以及为此所必需的工具的生产；另一方面是人类自身的生产，即种的繁衍。世界最初只能依女系即从母亲到母亲来确定；女系的这种独特意义，在父亲的身份已经确定或至少已被承认的个体婚制时代，还保存了很久。由此，女性在生产方式中的主导性也成为人们对母神崇拜的一种因素。

总之，从母系、母神到女性文化、女性主义来看，可以大体观之，人类从最原初的生理功能的性别分类，到具有社会功能性的分类，女性地位从早期的母系社会的主导地位，到父系社会的附属地位，再到20世纪20年代的女性主义的兴起，人类两性社会就是一部围绕男女关系发展变化的文化史。母性是这部文化史中必不可少的因素，也是两性文化的起源与开端，并伴随着人类社会的发展而一直默默地存在和影响着世界各个民族。

第二节　侗族母系符号遗存

母系氏族社会的渔猎、采集等生活方式，以母为尊的群居形态，繁衍后代的母姓信仰等都是母性文化形成的最初根源。不论是从母系社会本身还是过渡到父系社会，人类社会一直保留着对母性的渴求。作为侗族先民的百越民族，从早期的石器时代到母系氏族社会，在经历繁荣的母系社会之后进入了父系社会，其母系制度的遗存成为了侗族母性文化的基础，以图腾崇拜、生殖崇拜、祖先崇拜等形式构成一系列的视觉文化符号，如建筑、雕塑、文字、服饰等。

❶ 卢克莱修.物性论[M].方书春，译.北京：商务印书馆，1981：32.
❷ 坦娜希尔.历史中的性[M].童仁，译.北京：光明日报出版社，1989：17、35、18.

其中服饰是侗族先民们最直观的一种母性文化视觉符号。

一、侗族族群的来源与形成

侗族自称为"干"（侗语gaeml），在不同区域由于发音不同，有些地方则称为jaeml或jongl。侗族有自己的语言、音乐、舞蹈、服饰等独特的民族文化，但没有自己的文字。在田野调查中发现，一些侗族大歌和芦笙音乐中会用一些符号记载乐谱，但这是否为侗族文字目前还不能确定，不过侗族服饰中的部分图形符号据一些学者考证是侗族女性的一种文字表达，这在后面的章节中将会谈及。

在宋代以前的文献资料中均没有独立记载侗族，而是混杂在湘、黔、桂等地区的百越民族资料之中。史书记载，在战国时期楚、秦政权就已经进入湘、黔、桂，楚时称为"商于"、秦时称为"黔中"。在《五溪蛮图志》中转引《辰阳风土记》云"其种有四。一曰七村归明户，起居饮食类省民，但左衽耳。二曰施溪、武源归明蛮人，三曰山徭，四曰仡佬。其名，虽自为区别，要其衣服居处趣向，大略相似。其实皆槃瓠之裔也。……以今观之，种类有五：徭、苗、伶、佬、㹧。虽其裔出槃瓠，皆曰土人，亦各分为派。长沙、澧州、靖州蛮夷，皆由五溪延蔓。"❶宋代尤其到了南宋，政治、经济重心向南发展，对西南地区少数民族的统治也逐渐加强，派遣官员推行儒家之学等，侗族族群自身也在不断迁徙和融合，从百越民族中分离出来，被称仡伶、仡览［与干（gaml）读音相同］，成为一个独立的民族，宋人朱辅在《溪蛮丛笑》中记载五溪之蛮中有苗、瑶、僚、仡伶、仡佬。《宋史·西南溪峒诸蛮》中提道："南宋乾道七年（1171年），靖州有仡伶杨姓，沅州生界（即没有被汉文化融入的地区）有仡伶副峒官吴自由。"❷由此推测，从宋代开始，侗族形成了一个独立的族群，并逐渐建立了湘、黔、贵三省为主的稳定聚居区域。

明清是侗族繁荣发展的时期，在汉文典籍中洞蛮的称呼被改称为"僚人""侗僚""峒人""峒苗"等。清代，侗族不仅作为独立族群被记载，而且不同区域的分支也被详细地记录于各个典籍中。不同时期的《贵州通志》对其地理、人文、风俗等进行详细地记载，对人物形象等进行风俗画绘制及图文记录，使得清代少数民族图册有了很大的发展，给予后人直观的、研究少数民族文化的重要资料。包括乾隆年间的《皇清职贡图》、清代嘉庆时期陈浩的《八十二种苗图并说》❸、光绪年间桂馥的《黔南苗蛮图说》等图册。陈浩的《八十二种苗图并

❶ 沈瓒.五溪蛮图志[M].伍新福，校点.长沙：岳麓书社，2012：62.

❷ 《侗族简史》编写组.侗族简史[M].贵阳：贵州民族出版社，1985：14.

❸ 《八十二种苗图并说》是清代嘉庆初年陈浩在任八寨理苗同知时以实地调查资料与典籍结合而成，是嘉庆年间的一本贵州民族志专著。该书的文本部分大都收录在李宗昉的《黔记》中，但绘图部分因印刷技术的制约，不易保存，原作至今也没找到，现今遗留下来的大都是后人手工临摹而成，因此出现很多残缺的不同版本，如《蛮苗图说》《黔苗图说》等，被统一称为《百苗图》。

说》记录下贵州82种"苗",桂馥的《黔南苗蛮图说》则记录下贵州86种"苗"。这两本图册是目前流传下来的珍贵图文资料，也是描述侗族衣食住行较为完整的两本图册，图册中对贵州侗族进行详细记载，由于不同区域族群分得很细，有一些侗族支系也依然被称为苗。但从其居住环境和风俗描写来看，结合中华人民共和国成立以来这些聚居区族群的风俗、习惯等，可推测其为侗族的不同支系。

民国时期，对于侗族先民的来源又有了新的讨论。刘锡蕃在《岭表纪蛮》中提到侗族亦融入了一部分汉族人，称为"老汉人"。他说："从其言语歌词丧服体貌综合观察，似为原始之'老汉人'，其移植中华较汉人之本族为早。其所以称为狪人者，大概基于后述的几种原因：'一是汉族初由西方塔里木河流域东向发展之始，最先到中原者必为许多之小部落。因其势力不敌多数原住之苗民，不得不受其统治。及汉族愈来愈众，争地愈来愈烈，于是（喧宾夺主），驱逐苗民。此先到之汉人或以久住感情上之关系，而与苗民合作；或受苗民监视，无法可以自脱，遂与苗民随同南迁，由是而为狪民。二是汉苗交战时，汉人有被俘虏为奴者及苗人败而随同南迁，由是而为狪民。'故此等狪人原本是汉人，有上述两者关系遂不能与汉人复合而仍为汉人。又久而久之，汉人亦竟视其人为蛮人，因而以狪人称之。狪者，从犬从同谓非犬而同于犬，即非蛮而同于蛮之意也。"[1]不难看出，从侗族由早期的骆越、瓯越支系发展为一个独立民族的整个历史过程来看，其一直不断吸收和融进了其他民族的优秀文化，能够感受到这是一个包容、温和而坚韧的民族。

在现当代的一些侗族研究中，学者们对于侗族的来源也进行了大量的分析与论述。他们依据文献记载称侗族来自百越中的骆越和瓯越，也有称为越国人的后裔等。邵靖宇在《汉族祖源试说》一书关于汉族族源的说法中指出，"汉祖"即分布在长江以南者为"南方汉祖百越"，所谓"百越"应该就是生活在南方的汉族祖先。张柏如先生在《侗族服饰艺术探秘》一书中，依据在侗族聚居区出土的新石器时代石斧、石锛和泥质黑衣灰陶器、商代红陶大口尊等文物，认为侗族是使用石戈的一个民族，是百越民族古老支系中的一支。何光岳在《百越源流史》一书中也分析说，最早的越人是使用"石戈"的人类群体，后来不断融入了不同的族群形成了许多互不统属的部落集团，被后人统称为百越。宋兆麟在《清代贵州少数民族的风俗画》一文中分析，荔波县原属广西庆远府，雍正十年（1732年）才划归贵州都匀府。由此推测，在明清之前荔波也有侗族存在。同时，在田野调查过程中发现广西融水与贵州从江相邻地带的侗族族群在服饰、语言等方面类似，依据《融县志》中的记载，可以推测清代生活在广西融水这一区域的狑家也可能是现代贵州从江与广西融水交界的侗族支系。杜薇的《百苗图汇考》一书中，认为当代侗族中最具代表性的节日表演舞蹈"多耶"与"越"的功用是相似的，在古代汉文典籍

[1] 刘锡蕃.岭表纪蛮[M].上海：商务印书馆，1934：20.

中的"越"，可能来源于古百越族的氏族联盟会议，有召集、聚会等含义。张一民、何英德在《西瓯骆越与壮族的关系》一文中分析："西瓯、骆越同源于古越人，是周秦及汉代主要活动于今广西地区的两个不同支系。"[1] 西瓯、骆越、乌浒、俚僚等都是壮族以及壮侗语系先民的族称。罗香林先生根据唐宋史籍考证后指出，"盖西瓯与骆越，似以今日柳江西岸区域为界，柳江东南则称西瓯，柳江西岸区域以西称骆越，而此西岸区域之接连地带则称西瓯骆越。"[2] 今天的柳江两岸依然是侗族人生活的地区。何光岳在《百越源流史》中又提出，瓯越与骆越也常常因两个部落联盟相邻而居被称为瓯骆。廖君湘在其《南部侗族传统文化特关研究》一书中提出侗族的四种来源：骆越→僚→侗族；干越→西瓯→侗族；古越国人→仡览、仡伶→武陵蛮、五溪蛮→侗族；区人→侗族。

因此，依据历史文献，我们可以推测侗族族源的构成与发展历程，我国早期的侗族族群主要由早期南迁的华夏（汉族）、古越人、瓯越人与骆越人共同组成，逐渐形成我国南部百越民族中的一支。自秦汉时期以来的各个历史时期，中原地区的民族不停地向西南百越民族地区迁徙，并不断地与骆越、瓯越等族群融和。从最初的骆越族—秦汉时期的黔中蛮—隋唐时期的蛮夷、乌浒、僚—宋代的仡览、仡伶—元朝的峒蛮—明代的武陵蛮、五溪蛮、苗—清代的侗苗、峒人—中华人民共和国的侗族，侗族族群也不断壮大。他们广泛分布于我国东南—西南一带，即长江中下游以南直至珠江流域和滇西、滇南区域。今天的侗族是聚居在西南地区的重要少数民族之一，并按照方言、习俗划分为坦、佬、绞三大支系，按照地域又可分为南侗和北侗两大支系，主要分布在我国贵州、广西、湖南三省交界和湖北鄂西的一小部分地区。

人的活动所形成的文化从来都是流动的、交融的。侗族在形成发展的过程中，既有空间上的跨越，又在历史长河中不断融入了不同民族的文化基因。既有秦汉时期的黄老学说等汉文化影响，又有隋唐以来的佛教文化、南方的楚文化以及古越人的土著文明的影响，形成了以稻耕农作为主，采集与渔猎为辅的生产方式，以祖母神为主的宗教崇拜，综合形成了侗族文化中的母性特征。

二、侗寨母系符号遗存

从社会文化发展的角度看，以农耕生产为主的民族，基本上都存在着较为明显的母权崇拜的踪迹。侗族社会农耕生活本身所赋予人们的生产与生活方式明显保留着母系符号的遗存。这些遗留下来的符号主要表现在衣食住行之中，我们首先从侗族村寨来看看母系氏族社会群居生活的符号特征。

❶ 张一民，何英德.西瓯骆越与壮族的关系[J].广西师范大学学报（哲学社会科学版），1987（2）：75-79.
❷ 百越民族史研究会.百越民族史论集[M].北京：中国社会科学出版社，1982：164-182.

侗族村寨拥有着独特的建筑和布局，大部分的村寨都是依山而建、傍水而居，山像侗寨的脊柱，成为支撑着寨子的骨架。溪流就是寨子的动脉，穿寨而过又或环绕寨子而行。建筑物则是寨子的肌肉组织，分门别类地被安放在寨子的各个核心位置。

侗族村寨的建筑由寨门、风雨桥、鼓楼、民居、粮仓5个核心符号组成，他们各司其职，各具特色。其中，鼓楼是村寨中的重要场所，是人们聚居的核心地，也是母系社会群居生活的遗存符号之一。一个村寨一般有3～5个鼓楼，鼓楼是议事、集会、举行节日盛典、"行歌坐月"的场所，亦可以是一个人、一群人休息娱乐的场所，也可以是一个家庭临时居住的场所。在民国姜玉笙撰写的《三江县志》卷三页九十中记载："凡侗族所居地方……村中必建有鼓楼，楼外辟广场，铺石板，以供集会。"可见鼓楼不只是一个建筑，更是一个村落一个族群心灵的寄托。目前，在侗乡大约有三百多座鼓楼，这些鼓楼造型相近，结构各不相同，最低三层，最高能够达到十七层，七层、九层最为常见。据一些学者的研究表明，鼓楼的样式是以杉树为原型建造而成。在明代邝露的《赤雅》中记载了侗人鼓楼仿生杉树的样式，称为"独脚楼"："以大木一株埋地，作独脚楼，高百尺，烧五色瓦覆之……以此自豪。"❶清代对侗族鼓楼的记载称为"聚堂"。人们在鼓楼旁唱歌舞蹈，以此来祭拜祖先。不难看出，侗族人把治人与祭神功能都集中在鼓楼这一建筑符号之中。它也从此成为侗族母系与父系交融共通的一种母权遗存的符号。

寨门是侗寨的门户，它与鼓楼、风雨桥并列为侗族建筑中的三宝。每一个侗族村寨基本上都是村头寨尾各有一个寨门，它不仅是侗族传统建筑文化的有机载体，是侗寨的地理区域范围的象征符号，也可以被看作是母系社会群居生活中最早的围栏的延伸物，最原初的功能可能是保护村寨，由祖母神衍生变化而来的专门的寨门神保障村寨的人们平平安安。因此，寨门在侗族建筑文化中也是祖母神的象征符号。风雨桥在侗族女性中也被称作是诉心桥，它不一定建立在溪水河沟之上，平地上也可以建立，是侗家人休闲、纳凉的去处，同时也是侗族女子讲述自己心事、求神祈福的地方。不难看出，侗族村寨的建筑不论是寨门、鼓楼还是风雨桥，它们不仅仅是区域空间中的符号语言，也是构成侗族人日常生存、生活最宝贵的文化场所。

除侗族建筑三宝中的母性符号象征之外，现代侗族村寨的各项制度、事务均以男性长老制的方式经管。明代《贵州图经新志·黎平府·风俗》记载："洞人者，有所争不知讼理，惟宰牲聚众，推年长为众所服者，谓之乡公以讲和。"在今天的侗族村寨的社会关系中，长老、乡公、寨长统称为寨老（侗语 yangp laox），是寨中掌管侗族事务的最高代表，一般由村中德高望重、辈分极高的人担任。正如侗家俗语所称："古树保村庄，长老管地方"。自然界中的古树、古井、天上的日月星辰等都是祖先的化身，她们护佑着整个侗族的平安。

---

❶ 张柏如.侗族建筑艺术研究[M].台北：汉声杂志社，1994：19.

侗族在不断的历史发展、变迁的过程中，依然保留着古老的母系社会文化特质。无论是建筑三宝，还是管理寨子的寨老、基本组织"卜拉""款"，所代表的是侗族社会中父系社会组织的特征，呈显性功能，而女性群体是侗族社会中重要的生产、生活的主体，她们与远古时期的祖母神一起呈隐性符号存在于侗族文化中，二者各自偏重自身的社会功能，对侗族社会秩序起着稳定平衡的作用。

第三节　侗族母神符号象征

符号象征是表现文化的一种方式，它可以通过一个具体的图像、记号等表示其他的东西，或承担一定的意义。一个族群或民族大都是从视觉图像叙述的历史走向文字记载的历史，符号则是一个民族的文字与视觉图像综合而成的重要文化表现。格尔茨在《文化的解释》中谈到符号是文化的形象表达，他认为："文化是一种通过符号在历史上代代相传的意义模式，将传承的观念表现到象征形式之中，通过这些象征符号，人得以相互沟通、传续，并发展出对人生的知识及对生命的态度。"❶从词源上看，"符号"一词既可以作为身份的符号表征、日常生活中的暗语记号，也可以作为一个民族或社会的标志性语言等。

一、侗族祖母神的象征性符号

侗族母性文化是风俗、信仰、技艺、道德等侗族社会长期形成的知识与习惯的复合体。在经历了上古时期南方斧钺文化的影响，到母系社会族群的形成、侗族独立发展繁荣的阶段，侗族母性文化也从早期追求生存的最朴素意识、母性生殖崇拜的原始宗教信仰，到个体对美、爱等情感的追求与延伸，形成一个个有意味的物化符号，构建了侗族母性文化外在的表象语言，如庇护之所——侗族的鼓楼建筑，心情之所——侗族风雨桥，祭拜之用——侗族大歌，温暖之用——侗族服饰等。这些表象语言伴随着侗族人一代代的传承，通过图像、记号等保留在侗族人的日常生活中，承担着一定的意义，成为侗族母性文化的象征符号。

祖母神是侗族母性文化符号之一。侗族是个信仰多神的民族，在日常生活中依然保存着许多原始宗教崇拜的印迹，对天空的日月星辰、自然界中的巨石古树、水井、植物、动物等物体崇拜，即自然崇拜。在此基础上，侗族先民们也形成了图腾崇拜和祖先崇拜的观念，尤其以祖

---

❶　克利福德·格尔茨.文化的解释[M].韩莉，译.南京：译林出版社，2008：49-50.

祖母神也称为萨（侗语 sax、sam），也称萨玛、萨岁，因区域不同称呼也有不同，不论何种名称，其含义均为大祖母。

针对祖母神的追溯，有很多学者进行了深入的研究。

第一种是对女性的生殖崇拜，如龙耀宏在其《侗族"萨神"与原始"社"制之比较研究》一文中提道："萨侗语读 sax、sam，社古代汉族读 sa，从音韵上证明侗族的萨与社有一定的同源关系。……土地广博，不可遍敬也，五谷众多，不可一一而祭也，故封土立社，示有土也。"❶ 作为女性象征的"萨"和土地象征的"社"都是生命繁殖的象征符号，把女性和土地联系起来，萨与土地融为一体，突出了远古时代人们的原始思维中的母性意识。土地崇拜是原始宗教自然崇拜的一个重要组成部分，不仅我国侗族的"萨"与汉族的"社"都把土地作为生殖崇拜符号，世界上许多民族都有土地崇拜与信仰的习俗。

第二种是从生殖崇拜逐渐走向祖母神崇拜。中国社会科学院的邓敏文教授在其《"萨"神试析》一文中分析认为："'萨'是对父之母即祖母的一种泛称，她是原始时代族外对偶婚制度的产物，在族外对偶婚时代里，'萨'（父之母）和'得'（母之母）都是互为夫妻的两个婚姻集团的女性长辈，当父系氏族社会确立以后，'萨'逐步上升为所有女性长辈的象征而得到人们的普遍敬重。"❷ 根据侗族人们日常生活中祖母神保护孩童健康成长、年轻男女爱情美满等护佑习俗，从而建立起日常可见的各种护佑符号，如太阳祖母、雷祖母、守井祖母、桥头祖母等。

第三种是祖母神融入现实生活中的女英雄人物。在张民先生的研究中，认为"萨岁"很可能是《隋书》上记载的冼夫人。邓敏文先生研究认为，"萨岁"也可能包括了唐代贞观年间生活的战斗英雄侗族女款首。综上所述，侗族祖母神形象是一种复合体，囊括了自然崇拜、祖先崇拜以及英雄崇拜，它已经成为具备保佑侗族人生儿育女、生产生活、爱情、健康等各种能力的母性神灵。

二、多耶与侗族大歌——原始信仰的物化符号

祭萨活动是侗族人对祖母神崇拜的一种原始宗教信仰形式，其表现形式有很多，遗存至今，大致包括两类：一类是以节日形式存在于三月三、谷雨节、喊天节等习俗礼仪中，如多耶、侗族大歌、长桌宴等，是人们最常见的一种物化表现形式；另一类是以固态的侗族鼓楼群、侗族服饰等为主的实物存在形式。

---

❶ 龙耀宏.侗族"萨神"与原始"社"制之比较研究[J].贵州民族学院学报（哲学社会科学版），2011（2）：6.
❷ 邓敏文."萨"神试析[J].贵州民族研究，1990（7）：16.

（一）多耶

多耶是整个侗族最具代表性的集体祭祀表现符号之一。在每年的谷雨节、播种节、求雨节、丰收节、情人节、牯藏节等节日中，侗族民间流行的一种手拉手、围着圆圈集体歌舞的形式称为多耶，也称踩歌堂。"多"是唱的意思，"耶"是衬词，人们在唱歌的时候便习惯地把"耶"作为歌舞形式的名称。侗族多耶真正产生的年代还不清楚，不过手拉手歌舞的形式早在彩陶时期就已经出现。侗族多耶在宋代非常盛行，如陆游在《老学庵笔记》中提到"辰、沅、靖等蛮，亿伶农隙时，至一二百人为曹，手相握而歌"的场景。在现代的各种侗族节日活动中，多耶的形式也是全村寨的男女老少穿着盛装手拉手、围成圆形，跟随着歌师的歌声有节奏地踩着节点，踏步徐行，双臂伴随着身体起落而摆动。这些统一的造型装扮、和谐而有节奏的舞蹈、模拟劳动的肢体、祈祷祝福的歌声、围成圆形的人群等具象性符号语言，与"一二百人为曹，手相握而歌"的形式相似，都是为了向祖母神传递一种祝福与祈盼的信息（图1-6）。

图1-6 黎平县盖宝镇寨虎村侗族多耶场景

圆圈式的旋转歌舞方式，充分体现了远古时代的侗族先民们的向心力和凝聚力，同时它还以独特的手拉手或肩搭肩的舞蹈方式把人们的力量连接在一起，组合成一种集体的力量，从而希望能够将其传递给大祖母神，并获得支持和帮助。这是母系社会的侗族先民们遗存下来的集体性物化符号特征，体现出母性崇拜文化中原始功能主义的本质，记录在每一个侗族人的心里，也成为一代代侗族人遵循和承继下来的一种民族文化语言。

（二）侗族大歌

侗族大歌是另一种物化符号，它和多耶相辅相成、缺一不可。不论哪一个节日，人们都是跳着多耶唱着大歌。侗族大歌有着自身的独特性，保留着古歌中古老的、原始的多声部、无指挥、无伴奏合唱方式。其歌唱形式是由众多男女构成的集体活动，人们仅用自然和声的形式对歌曲进行传唱，保存着人类早期未开化时期的原始声调。闻一多先生就曾说过，原始人最早因情感的激荡而发出有如啊、哦、唉、呜呼、嗫嘻一类的声音，那便是音乐的萌芽，也是孕而未化的语言……这样介乎音乐与语言之间的一声"啊"……便是歌的起源。这些无明确意义的啊、哦等声音能够激发人们集体劳动时的动作协调性，使人保持激情、减轻疲惫。侗族大歌以集体的社会活动为基础、以人们之间相互的交流为纽带，表达了人们日常生产生活中各种情感，最重要的是体现出早期人类在劳动生产实践过程中的原始状态，是集声音、语言、心灵于一体的一种物化符号的象征。

侗族大歌也是人与神之间沟通的媒介，古代侗族先民对自然的了解十分有限，对于自然界诸多无法解释及理解的现象感到畏惧，因此将这些无法理解的事物归咎于自然中各类神灵的力量。人们在追寻生存与发展的过程中，常常通过模拟自然中的各类声音将其心意传达给神灵，这类群体性原始声音就逐渐演变为古老的侗歌。今天侗族大歌依然是人们生活与节日中不可少的一个主题，有寨门拦路歌（图1-7）、吃饭祝酒歌等。

图1-7　贵州小黄村吃新节侗族女子寨门前唱拦路歌

第二章

共享与独立：侗族女子服饰造型语言

第一节　侗族女子上衣下裳的形成

中国传统服饰形制包括连属制与上衣下裳制，这两种形制囊括了中华大地不同民族、不同区域的服饰形态，构成了各民族丰富而繁盛的服饰语言。古代侗族先民们从结草成衣、织布制衣、五色斑布等造物过程中寻找并创造出材料语言、技艺手法和造型符号，建立了上衣下裳的服饰形制，组成了以包肚、飘带等为代表的服饰配件，形成了以银饰、刺绣、织锦等为代表的侗族服饰工艺材料特征。历经四个重要阶段，从自我生成到接纳和吸收外来服饰文化，侗族服饰逐渐建构了自己的服饰语言体系，并确立了男女服饰形制的穿戴样式。

一、早期男女通用的衣与裳——贯头衣与绋、绔、裤

"衣"为象形字，甲骨文为𧘇。在《说文解字》中"衣"包含上衣下裳之意，释义为"依也。上曰衣，下曰裳。象覆二人之形"，即一个人字覆盖了两个并列的人字。裳，古时通"常"。《说文解字》中释义"下裙也"。上衣与下裳在《白虎通》中释义为："'衣者，隐也；裳者，彰也。所以隐形自障闭也。……何以知上为衣，下为裳？以其先言衣也。诗曰，褰裳涉溱。所以合为衣也。弟子职言，抠衣而降也。名为衣何？上兼下也。'《李氏易传》引《九家》注：'衣取象乾，居上覆物，裳取象坤，在下含物也。'又虞注：'乾为治，在上为衣，坤在下为裳，乾坤万物之蕴，故以象衣裳。'续汉《舆服志》：'乾☰有文，故上衣玄，下裳黄。'是上为衣，下为裳也。所引诗，'郑风褰裳文，以言设，知裳在下也。'"[1] 从描述中可以看出，衣、裳在古代先民的意识中占据重要地位，不仅有着生理上的保护作用，还与自然现象、万物之色联系了起来。

侗族服饰形态最早在《淮南子·原道训》有所记载："九嶷之南，陆事寡而水事众，于是民人被发文身，以像鳞虫；短绋不绔，以便涉游；短袂攘卷，以便刺舟"[2]。短绋不绔、短袂攘卷是侗族先民上衣下裳的早期样式。《后汉书·南蛮西南夷列传》（卷八十六）中也记载着侗族先民"好五色衣裳，制裁皆有尾形"。这里不仅第一次提到了"衣裳"，也提到了衣裳的色彩与样式。在《隋书·地理志》中亦记载南郡、夷陵、竟陵、沔阳、沅陵、清江等诸蛮"承盘瓠之后，故服章多以斑布为饰"。在《南史·海南诸国》（卷七十八）中也记载南方百越人民种植古

---

❶ 班固.白虎通疏证（卷九）[M].陈立，疏证.北京：中华书局，1994：433.

❷ 刘安.淮南子集释[M].何宁，撰.北京：中华书局，1998：39.

贝，抽其绪纺之以作布，"亦染成五色，织为斑布"。综合看来，自秦汉时期开始，记载古代侗族先民们的服饰的文献寥寥，但已经能够从中了解上衣下裳的基本造型、五色斑布的材料、文身尾饰的基本服饰语言。

（一）衣——贯头左衽

贯头衣是原始社会物力匮乏时代最为理想、实用的一种服制，也是人类服饰最早的一种结构样式。"贯头"即从头部往下贯穿的一种穿戴方式。其基本形态呈长方形，在发展过程中逐渐产生梯形、X形等样式。沈从文先生在《中国古代服饰研究》中分析贯头衣是用两幅较窄的布对折拼缝，上端中间处留口出首，两侧留口出臂，无领无袖，缝纫简便，穿着后束腰，便于劳作。

早期贯头衣是我国南方百越民族连属制服饰样式，随着服饰的发展与生活方式的改变，逐渐成为上衣下裳中的"衣"。最早记载百越民族贯头衣的是《淮南子·坠形训》（卷四）中的"自西南至东南方，结胸民、羽民、欢头国民、裸国民、三苗民、交股民、不死民、穿胸民，反舌民"[1]。西汉焦延寿在《易林》（卷二）载："穿胸狗邦，僵离旁春。"[2]这里的"穿胸"应指以胸部装饰为特征的一种人群，也可以推测"穿胸"即是贯头衣的一种样式。在《后汉书》中记述倭人服装："男子皆黥面文身，以其文左右大小别尊卑之差。其男衣皆横幅，结束相连；女人被发屈结，衣如单被，贯头而着之；并以丹朱坋身。"[3]又据《太平御览》卷七九〇中转引杨孚《异物志》中记载："穿胸人，其衣则缝布二尺，幅合二头，开中央，以头贯穿胸不突穿。"[4]班固在《汉书》中又写道："自合浦、徐闻南入海，得大州，东西南北方千里，武帝元封元年略以为儋耳、珠崖郡。民皆服布如单被，穿中央为贯头。师古曰：'著时从头而贯之。'"[5]这里的儋耳、珠崖郡是西汉时期的行政区域，今海南省的一部分，也是我国古代百越民族中的黎族先民的聚居区域。文献中穿胸人和儋耳、珠崖郡一带的民人穿戴特征都是"以头贯穿"。至西晋时期的陈寿在《三国志》（卷五十三）中又载："秦置桂林、南海、象郡，然则四国之内属也，有自来矣。……汉武帝诛吕嘉，开九郡，设交趾刺史以镇监之。山川长远，习俗不齐。言语同异，重译乃通。民如禽兽，长幼无别。椎结徒跣，贯头左衽。长吏之设，虽有若无。"[6]在《战国策》（赵策二·武灵王平昼闲居）中载有："祝发文身，错臂左衽，瓯越之民也；

❶ 刘安.淮南子集释[M].何宁，撰.北京：中华书局，1998：357.

❷ 焦延寿.易林[M].马新钦，点校.南京：凤凰出版社，2017：91.

❸ 范晔.后汉书（卷八十五·东夷列传第七十五）[M].李贤，等注.北京：中华书局，1965：2821.

❹ 吴永章.黎族史散论[J].民族研究，2000（6）：94.

❺ 班固.汉书（卷二十八）[M].颜师古，注.北京：中华书局，1962：1670.

❻ 陈寿.三国志（卷五十三）[M].北京：中华书局，1982：1251.

黑齿雕题，鳀冠秫缝，大吴之国也。注曰：'大吴或为南方之民。'"❶《史记·赵世家》中又载"夫剪发文身，错臂左衽，瓯越之民也"❷。瓯越既是百越民族中的西瓯族群，也是侗族的先民之一。《旧唐书》（卷一百九十七·南蛮西南夷传）载："南平僚者，东与智州，南与渝州，西与南州，北与涪州接。……人并楼居，登梯而上，号为'干栏'。男子左衽露发徒跣；妇人横布两幅，穿中而贯其首，名为'通裙'。"❸僚是百越民族中的西瓯、骆越族群的称呼，亦是侗族先民的早期称呼。

综合以上文献中的记载，从《淮南子》中的"自西南至东南方，……穿胸民"、《异物志》中的"以头贯穿"、《汉书》中的"穿中央为贯头"、《三国志》中的"贯头左衽"等文字记载中可以看出，"贯头衣"是我国南方早期各个地区不同民族所穿戴的一种古老服饰。

在前文中介绍了侗族是我国南方百越民族的后裔，从最初的西瓯、骆越族群一部分到今天的侗族，历经了先秦时期的萌芽，秦汉、隋唐的发展，到宋元时期独立成一个民族，明清时期繁荣。服饰作为一个民族的象征符号也同样跟随着民族的发展繁荣而变迁。因此，侗族的服饰形制、结构、材料等应该在百越民族服饰的早期形态的基础上，随着民族的发展、独立与繁荣而逐渐形成自己的特色。由此推测，贯头衣也是早期侗族先民们的基本服饰形制。

同时，也可以从记载早期侗族先民服饰形态的文献中寻找到一些早期贯头衣的结构样式。从上文的"缝布二尺，幅合二头，开中央，以头贯穿胸不突穿"中可推测出贯头衣最早期的基本尺寸结构、裁剪制作方法和穿戴方式。如横幅、衣如单被、错臂左衽等描述可知其形态基本上是长方形的样式，于两块幅宽相等的长条形粗布中缝缝合，头部留缝隙，构成一块方形的中间有孔、长约二尺的贯头衣。在历史朝代不断更替的过程中，虽然地处偏远，百越民族风俗不同，贯头衣的形制也由最初的"穿中央"到"贯头左衽"新的样式的发展。在《尚书》中有"四夷左衽"的记载；孔子在《论语·宪问》中提到"微管仲，吾其被发左衽矣"，说明左衽是我国不同地区的少数民族服饰的特征，与中原穿着右衽服饰相对，成为古代夷、蛮的代名词。

我们可以结合上文《汉书》和《异物志》中所载的"开中央""穿中央为贯头"，推测侗族先民贯头衣有了左衽这一结构形式。所谓左衽，是上衣门襟交叉的一种样式，即将右门襟搭在左门襟上，相对于人体中线偏左的位置，形成左衽样式。但这里的左衽并不是开门襟之后而形成的交叉叠加样式，这一时期侗族先民们贯头衣的前门襟应该还处于缝合状态，左衽的样式应该是依据贯头衣的宽大特征，穿着时从中间折叠向左固定而形成。综上所述，"开中央"与左衽是侗族先民们贯头衣的两种不同穿着样式（图2-1）。

我们也可以从现存的侗族服饰中寻找到一些印迹。如图2-2所示，清末民初的两件贵州黎

❶ 何建章.战国策注释（卷十九）[M].北京：中华书局，1990：678.

❷ 司马迁.史记（卷四十三）[M].中华书局编辑部，点校.北京：中华书局，1982：1808.

❸ 刘昫，等.旧唐书（卷一百九十七）[M].中华书局编辑部，点校.北京：中华书局，1975：5277.

平侗族男性芦笙衣，上衣是开门襟，两边对称，穿着时门襟交叠形成左衽样式。

在现代的侗族女子服饰中，左衽样式也同样存在。如广西三江、湖南通道、贵州黎平等地的侗族女子衬衫穿戴时门襟交叠、侧面系带固定，形成左衽样式，也称为交衽（图2-3）。肇兴堂安侗族女子衬衫穿戴样式上基本保留了侗族贯头衣的左衽样式。结构上，不论清代的男性左衽芦笙衣还是现代侗族女子的左衽衣，与古老的贯头衣都有一定的区别，清代与现代的左衽衣前片中心线处开缝，而古老的贯头衣前片中心线处闭合不开缝。

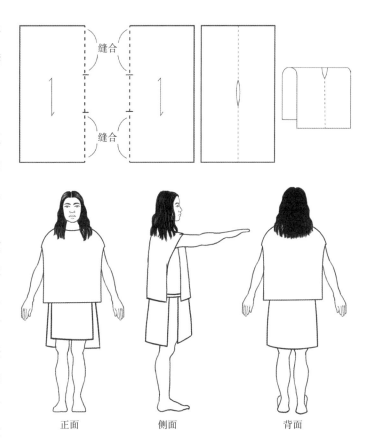

缝合

缝合

正面　　　　　侧面　　　　　背面

图2-1　侗族先民早期"开中央"贯头衣的结构与样式

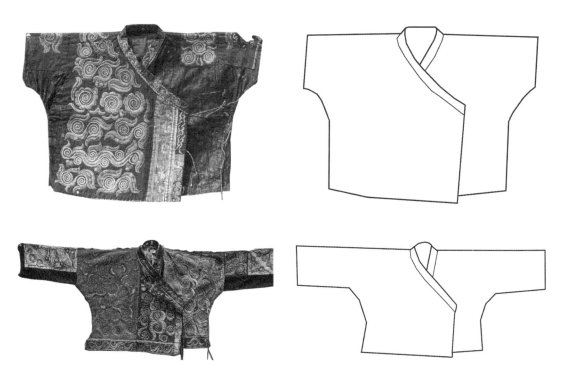

图2-2　清末民初贵州黎平县侗族男性左衽芦笙衣实物与结构

共享与独立：侗族女子服饰造型语言

总之，贯头衣是人类一种古老的服饰形制，是新石器时代母系社会时期的典型服装之一，也是百越民族早期男女通用的服饰之一，尤其是我国壮侗语族早期的主要服饰之一。沈从文先生在其《中国古代服饰研究》一书中提到贯头衣改变了旧石器时代人们在装扮上零散式的、部件式的样式，并在以后的演化中把这些部件逐步融汇组合成新的服装。事实上，许多最基本、最经久的服装样式，大多出自原始社会先民的首创，并不断地在生产力的提高和文化的进步中逐步发展与丰富起来，这为中华民族上古衣冠制度的确立奠定了基础。在今天的西南地区，包括古老的侗族在内的大多数少数民族至今依然遗存着贯头衣的样式。

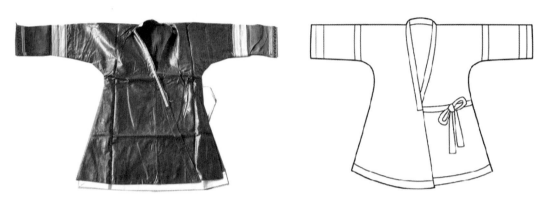

图2-3　现代贵州黎平县肇兴镇堂安村侗族女子左衽外套实物与结构

（二）裳——绻、绔与裤

裳包括绻、绔与裤，是古代侗族男女通用的服饰，无性别之分，直到宋代，才有男着裤、女着裙或裤的下裳穿戴形制记载。

1.绻

绻，在《说文》中释义："缱绻也。从糸卷声。"杨树达云："'绻'当同'裈'。"❶"裈"为犊鼻裤。它是古代侗族人缠裹在身体生殖部位的服饰，相当于现代的内裤。因此，可以推测我国南方百越民族下裳中的内衣，类似于缠裹身体的细条形帕，男女通用而无性别之分（图2-4）。

图2-4　古代百越民族绻的穿戴样式

❶ 刘安.新编诸子集成——淮南子集释[M].何宁，撰.北京：中华书局，1998：39.

从绦的造型分析来看，在我国南方百越民族相接的中南半岛的古占婆国神像服饰中，腰部也是缠裹着绳索和缠腰布，类似于绦。如图2-5所示，从占婆国不同历史时期的神像服饰中可以看出，百越民族古老的绦与古代占婆国神像的下装装束有着一定的相似性，大都以线绳缠绕和缠腰布为主。

图2-5 古占婆国不同时期石雕造像的缠腰布样式

占婆国于公元1世纪前后建立于中南半岛东南部，也称为占城国，位于今天的越南中部，即我国汉代时期所设置的日南郡象林县，文献中称林邑国。占婆国与当时的扶南（今印度）、日南有着密切的联系，其风俗习惯和信仰非常接近，在文化上受许多印度宗教、风俗等影响，同时也受到来自中国文化的影响。古代越南的红河三角洲从原始社会开始到农业社会就一直是中国的一部分，至我国秦汉时期，这一区域成为中国的三个郡县——交趾、九真和日南。晋人裴渊在《广州记》中记载："俚僚铸铜为鼓。""闻交趾及占城等国，王所居以铜为瓦，信知南方多铜矣。"❶在《交州记》中也载有："越人铸铜为舶。"可见，秦汉时期包括交州地区在内的南方百越民族相互之间交往密切，在服饰上也有一定的交融，绦也许就是这样一个产物。同样，中南半岛上的古代占族神像服饰、印度半岛的古老神像服饰（图2-6）、柬埔寨吴哥窟的神像服饰（图2-7）中都有绦的样式存在。

结合以上所述，可以推测短绦是我国南方百越民族服饰中的下裳之一，与古代东南亚地区的占婆国神像中的缠腰布、绳衣相类似，这类服饰从生活环境的角度来看与南方湿热的气候有一定的关联性。因此，可以说同一地理区域范围内文化的交融性在服饰中会最直观地呈现出来。

❶ 周去非.岭外代答校注[M].杨武泉，校注.北京：中华书局，1999：276.

图2-6　印度半岛古老神像绳衣

图2-7　柬埔寨吴哥窟神像绳衣

2.绔

关于绔，唐末马缟的《中华古今注》中记载了"绔"不同时期的样式："盖古之裳也。周武王以布为之，名曰'褶'。敬王以缯为之，名曰'绔'，但不缝口而已，庶人衣服也。到汉章帝，以绫为之，加下缘，名曰'口'。常以端午日赐百官水纹绫绔，盖取清慢而理人。若百官母及妻、妾等承恩者，则别赐罗纹胜绔，取其曰'胜'。今太常二人，服紫绢绔褶，绯衣，执永篇以舞之。又时黄帝讲武之臣近侍者，朱章绔褶，以下属于鞋。"❶从这段关于绔从周代武王时期的褶、敬王的绔到汉章帝的口、胜，五代绔褶等的记载中，可以推测出绔依据材料、色彩与纹饰的变化而不断地发展变迁。在款式结构上，《说文解字》中"绔"释义为胫衣。胫，即小腿。东汉《释名·释衣服》中释义："绔，跨也。两股各跨别也。"❷不难看出，古代的绔是无裆的套裤。沈从文在《中国古代服饰研究》中分析了江陵马山楚墓出土绵绔连属一体的开裆裤造型（图2-8），其造型总长116cm、宽95cm，由绔腰、绔腿和口缘三部分组成，前后裆不合拢，后腰阙断为敞口。整体造型已具有发展得相当完善的绔筒，下有收口，上有分裆，两绔

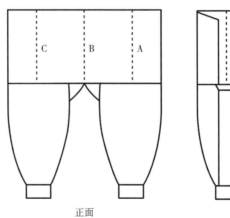
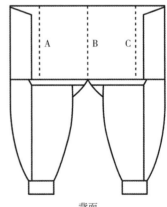

正面　　　　背面

图2-8　江陵马山楚墓出土绵绔的结构（图片摘自：沈从文《中国古代服饰研究》）

❶ 马缟.中华古今注（卷中）[M].吴企明，点校.北京：中华书局，2012：108-109.

❷ 刘熙.释名疏证补[M].毕沅，疏证，王先谦，补.北京：中华书局，2008：170.

脚也不是左右分离不连属的，而是由绔腰将其连为一个整体。因此，绔，是腰与裤筒连属一体的开裆裤，是历史上的典型样式。由此推测，古代绔可能存在两种样式，一种为独立的两件胫衣，独立穿戴于腿部；一种是通过腰部连接而将两个独立的胫衣连接起来，形成一种无裆的套裤。

古代侗族服饰中的绔自明代开始已有相关的文献记载，它不仅是男女通用的服饰，且与裙、裤相同。在明弘治年间《贵州图经新志》的卷七中记载"妇女之衣，长绔短裙，裙作细褶裙，后加布一幅……"从描述中可以看出，女子穿绔，与裙组合，长绔在内、短裙在外——内长外短的穿戴方式。这种样式在清代的图册中也同样有文字与图像记载。在清初的《皇清职贡图》卷八中记载黎平府罗汉苗服饰为"以双带结背，长裤短裙，或止系长裙，垂绣带一幅，曰衣尾……"[1]中央民族大学李德龙教授在《黔南苗蛮图说研究》一书中引清代桂馥的《黔南苗蛮图说》中描述第九种阳洞罗汉苗女子服饰为"妇人绾髻……长裓短裙"[2]、与《皇清职贡图》中的描述相同，都延续了明代文献中关于女子"绔"的穿戴描述。

绔，在明清时期既是侗族日常服饰中男女通用的服饰，又是女子出嫁服饰之一，亦是第一次被记载于侗族女子出嫁相关的文献中。如在《百苗图》的摹本《苗蛮图说》以及《黔南苗蛮图说研究》中均记有六洞夷人出嫁时着绔的场景："妇人穿短衣，色裙细花，尖头鞋，胫绻以布绔。"[3]如图2-9所示，《苗蛮图说》绘本中的六洞夷人女子出嫁服饰色彩鲜艳，着披肩、上衣与腰带，绔作为下装内衣穿着在长裙之内，裙边纹饰丰富。而男子下裳中以阔腿短绔外穿为特征，绔口绲边，长度基本在膝盖处，色彩以深蓝色为主调，纹饰很少（图2-10）。

从以上文献与图册资料综合来看，男子绔的款式较为简单，有长短之分，外无裙装遮蔽，但外穿时长衫的衣摆可达膝盖处，也有遮盖之用。女子则有长绔短裙和短衣长裙两种穿着方

图2-9　清代六洞夷人女子出嫁时绔与长裙组合穿戴样式（图片摘自：佚名《苗蛮图说》）

图2-10　清代六洞夷人男子穿阔腿短绔（图片摘自：佚名《苗蛮图说》）

❶　傅恒，等.皇清职贡图[M].扬州：广陵书社，2008：541.

❷　李德龙.黔南苗蛮图说研究[M].北京：中央民族大学出版社，2006：158.

❸　同❷192.

式。结合沈从文先生提到的绵绣，可以推测绣是古代南方民族服饰中较早期的服饰之一，也是不同民族常用的服饰。通过对百越民族、明清时期和现代侗族服饰变化的分析，可以看出绣在不同历史时期发生了变化，有长有短、有裆或无裆，男子为短绣、外穿，女子为长绣、内穿，儿童以开裆绣为主。如今，绣依然保留在侗族男女老少的服饰之中。

3.裤

现代侗族传统裤装以阔筒裤为代表性样式，男女通用。男性阔筒裤主要保留在节日礼仪等活动中穿着，包括阔筒长裤和七分裤两种。如图2-11所示，在贵州黎平、从江以及湖南通道等地区，男子参加各类节日活动时，由侗族亮布制作的阔筒长裤被作为本民族最具传统特色的服饰而穿着。

侗族女子下装包括阔筒裤、绑腿。阔筒裤不仅是节日礼仪服饰，同样也是日常生活中的服饰之一。阔筒裤有两类，一类是阔筒长裤，另一类是阔筒七分裤。贵州北部的镇远、剑河等地和湖南通道、靖州以及广西地区的女子下装以阔筒长裤为主，而贵州南部黎平、从江、榕江地区的女子下装则是由阔筒七分裤、绑腿和褶裙组合而成。

第一类为侗族女子阔筒长裤。其主要结构特征包括宽腰、阔筒、长裤、大裆。如图2-12、图2-13所示，现代贵州北部镇远报京侗族女子阔筒长裤与清代报京侗族女子阔筒长裤基本相同，可以看作是明清时期遗存下来的侗族传统服饰之一。其造型为宽腰、阔筒、长款、大裆，裤口处镶嵌花边，独立外穿，无裙装搭配。

第二类为侗族女子阔筒七分裤。其长度遮盖住膝盖，一般穿在褶裙内，下接绑腿。如图2-14所示，贵州三龙侗族女子节日下装与黄岗侗族女子日常下装穿戴不同，三龙侗族女子下装包括褶裙、阔筒七

图2-11 现代侗族男性阔筒长裤和女性阔筒七分裤

图2-12 现代贵州镇远县报京村侗族女子阔筒长裤

图2-13 清代贵州镇远县报京村侗族女子阔筒长裤

分裤和绑腿。褶裙在外层，中间层是阔筒裤，下层是绑腿，内层是内衣。黄岗侗族女子在日常生活中则常常把褶裙省略，以裤装与绑腿结合构成下装穿戴样式（图2-15）。整体来看，阔筒裤是侗族男女共用的服饰，无性别之分，有长有短。男子以阔筒长裤为主，女子的阔筒裤则长短皆有。

综合以上所述，从秦汉时期侗族先民"短绻不绔"中绻的探讨，可以推测出绻是我国古代南方民族下装的一种形式，初期可以作为外穿，在绔与裙逐渐形成的过程中，绻成了贴身、男女通用的一种内衣样式。对比东南亚的印度、越南、柬埔寨等地区服饰艺术可以发现，其古代雕像中绻的样式与百越民族的绻非常接近。越南民俗学家吴德盛在《越南古代服饰风貌试描》一文中提到的掩羞带与绻很相近："古代女子春米、跳舞……围掩羞布、赤裸上身或穿衣服的妇女形象。不过，又回到了近十世纪，西原一些民族（如希颠人）妇女还围掩羞带，

图2-14 现代贵州黎平县三龙村侗族女子节日穿着的褶裙与阔筒七分裤

图2-15 现代贵州黎平县黄岗村侗族女子日常穿着的阔筒中分裤与绑腿

或穿裙子时下身前后保留一块与古代掩羞带相近的服饰，男人们裸着上身，下身也围着掩羞带……"[1] 这里记载了古代越南女子与男子均穿戴掩羞带，没有具体的性别区分。掩羞带作为服饰中的下装之一，一直延续到近代，在历朝的杂志中记载，士兵亦穿掩羞带，古代越南黎朝皇帝也穿掩羞带。可见我国古代南方民族地区人们穿戴的掩羞带应该是南方交趾古越人早期绻的样式。

❶ 吴德盛，罗长山.越南古代服饰风貌试描[J].民族艺术，1995，12：160.

贯头衣、绻、绔等是我国侗族祖先们最早的服饰符号，也是古代侗族男女通用的一种服饰，我们知道在古代东方服饰文化中，裤在中原汉文化中从原始社会的无性别之分逐渐发展为男子服饰的象征，而在南方民族中，则成为了男女通用的一种服饰形制。

二、侗族男女服饰的分离与多样化

（一）侗族男女服饰的分离

自宋代开始侗族男女服饰有了明显的区分。虽然整体造型基本延续了南方百越民族服饰上衣下裳的结构，但男女服饰开始分离，具有标志性的是下装出现了不同的样式，男子下裳出现了裤的形态，女子则是裤与裙同存。

关于宋代侗族女子上衣下裳形制的文献记载不多，可以从侗族相邻的民族服饰中寻找到一些印迹。如在《岭外代答》服用门"婆衫婆裙"条目中记载了钦州村落土人新妇的服饰："钦州村落土人新妇之饰，以碎杂彩合成细球，文如大方帕，各衫左右两个，缝成袖口，披着以为上服。其长止及腰，婆娑然也，谓之婆衫。其裙四围缝制，其长丈余，穿之以足，而系于腰间。以藤束腰，抽其裙令短，聚所抽于腰，则腰特大矣，谓之婆裙。头顶藤笠，装以百花凤。为新妇服之一月，虽出入村落虚市，亦不释之。"❶岭南包括邕州和钦州两地，自秦汉以来一直是土人、俚僚、峒人等混居的区域。如"羁縻州之民，谓之峒丁"，这里的羁縻州即为钦州。"钦民有五种，一曰土人，自昔骆越种类也。……"又如"邕州溪峒之名，无不习战……，峒民事雠杀，是以人习于战斗，谓之田子甲"。❷在《嘉靖钦州志》中则记载土人、俚僚、峒人皆为骆越种类也。由此推测，宋代是明确记载了我国西南少数民族包括侗族族群在内的女子服饰的时期，女子上衣下裳的形制也在这一时期的文献有清楚的描述。

（二）侗族女子上衣下裳的多样化

随着侗族族群支系的增多，明清时期侗族族群因聚居区域的不同而形成众多的分支。不同的支系，服饰穿戴也开始各有特色，尤其是在明代，关于侗族支系的种类与侗族服饰也开始有了更加详细的记录，不同区域的侗族服饰也有了区分。在明弘治年间的《贵州图经新志》（卷七）中记载："妇女之衣，长绔短裙，裙作细褶裙，后加布一幅，刺绣杂文如绶，胸前又加绣布一方……"❸长绔、细褶裙、肚兜、飘带等描述，构建出明代贵州侗族女子的整体穿戴样式。明代田汝成在《炎徼纪闻·蛮夷》（卷四）中也详细提到了侗族女子上衣下裳的形制："妇人短

---

❶ 周去非.岭外代答校注[M].杨武泉，校.北京：中华书局，1999：232.
❷ 沈瓒.五溪蛮图志[M].伍新福，校点.长沙：岳麓书社，2012：73.
❸ 沈庠.贵州图经新志（卷七）[M].赵瓒，编集.张祥光，点校.贵阳：贵州人民出版社，2015：122.

裙长绔，后垂刺绣一方……溽暑，男女群浴于河，冬月以茅花为絮"❶短裙与长绔的结合是下裳的特征。《五溪蛮图志》中的"胸前包肚辫尖齐，头上排钗裙下低"描述了湖南侗族女子服饰中包肚、排钗、裙等的穿戴形态。

清代的侗族支系则分散得更多，如阳洞罗汉苗、洪州苗、六洞夷人、车寨苗、清江黑苗等均以地名命名，楼居黑苗、黑楼苗、峒人、罗汉苗、洞苗、洞家苗等则以其风俗习惯命名。俗话说"五里不同风，十里不同俗"，各个支系的侗族族群因居住区域与语言的差别分为北部和南部两个支系。北部支系与汉族相近，交通便利，因此受到汉族文化的影响较大，常称为"熟界"。南部的一些支系因交通不便，与汉族交往甚少，属于未开发地带，常常被称为"生界"，服饰受到的外来文化影响也较少，女子服饰在延续古代上衣下裳形制的同时，材料与制作工艺基本上保留了传统模式，不同村落的服饰也因手工技艺与取材不同、环境与习俗不同而形态各异。

第二节　十字型结构上衣

一、古代传统袍服与侗族衬衫十字型结构对比

十字型结构是我国古代服装的传统构造形式，刘瑞璞在《古典华服结构研究——清末民初典型袍服结构考据》一书中对我国袍服的十字型结构进行了详细分析。十字型结构从战国时期开始就已经存在，这一时期的服装造型中，衣身与衣袖截然分开，衣身下摆两侧拼接三角形以增加衣摆的宽度。至宋代，服装的十字型结构衣身与衣袖相连，中缝破缝，衣袖袖口处拼接，从结构上来看宋代十字型比较完整，更加强调其合体性。元代汉族袍服的十字型偏宽松型，尤其是当时的直领对襟衣在衣身和衣袖的裁剪上采用与衣片分开的方式。从三个不同时代比较来看，宋代的服装十字型结构更加规整、理性，去零归整结构的表现达到极致。最具代表性的要属宋代男、女共用的褙子。褙子又称背子，据《宋史·舆服志》中记载，"笄婚之礼，需穿背子"。如图2-16所示，从福建黄昇墓出土的宋代褙子文物中可以明确得知，褙子的结构是十字型的典型代表。其主要特征为直领对襟、下摆两侧开高衩至腋下，结构上采用中心破缝、两袖接缝的形式，构成了我国传统服饰十字型平面结构的经典形式，一直被后世沿用，直至清末民初。

❶ 田汝成.炎徼纪闻校注（卷四）[M].欧薇薇，校注.南宁：广西人民出版社，2020：120.

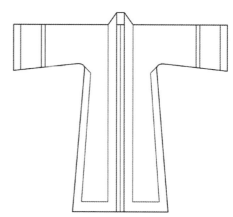

图2-16　福建黄昇墓出土的宋代褙子

侗族服饰中的上衣也是典型的十字型结构。依据实地考察资料，对侗族服饰的结构、形制、尺寸进行整理和分析，可以看出，侗族女子服饰中的外套、衬衫，不论其款式是对襟、斜襟还是大襟，结构皆以十字型为主，肩袖相连。如图2-17所示，贵州茅贡地区的侗族女子长衫结构与宋代褙子的结构最为接近，二者在长度、款式、门襟以及衣身与袖相连、袖口拼接的结构手法上都较为接近。由于受到布幅宽度的影响，其十字型结构均采用中缝破缝的手法，袖口处也同宋代褙子一样拼接半袖。

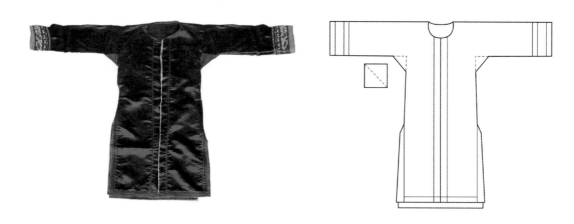

图2-17　现代贵州黎平县茅贡乡地扪村侗族女子长衫

如图2-18、图2-19所示，二者的区别在于宋代褙子两侧开衩至腋下，袖型宽松；侗族衬衫开衩至腰，袖型合体。十字型结构侗衣在袖子比较合体的情况下不便于活动。因此，侗族人在腋下镶嵌三角形插片，这也是侗族人们为了适应生存环境的需求而在传统服饰造型基础上所作出的一种创新，也是侗族女性智慧的表现。同样，在现代侗族嫁衣中，为了适应生存环境，十字型结构的侗族女子嫁衣衬衫与外套的长度大都缩短至臀部位置，如从江龙额地区的嫁衣外套、往洞衬衫等，既体现了侗族女性原始功能主义的朴素思想，也丰富了我国传统的平面十字型结构。

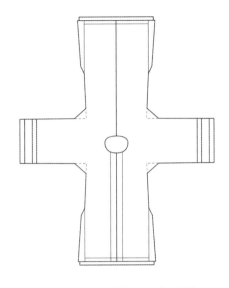
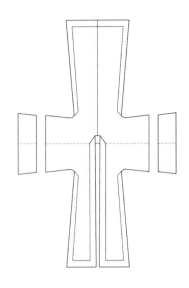

图2-18　现代侗族长衫十字型结构　　　　　　　　图2-19　宋代黄昇褙子十字型结构

二、侗族女子十字型外套

我国现代侗族地区女子外套有四种结构形式：右衽大襟宽松型、右衽斜襟合体型、右衽斜襟宽松型、对襟交衽宽松型。这四种类型在款式、衣长、结构、色彩、纹样上既有共同之处，也有一定的区别。

（一）右衽大襟宽松型

右衽大襟宽松型女子外套的样式大部分是贵州榕江的乐里镇、寨蒿镇、黎平洪州镇、镇远报京等地的女子穿着。在田野考察中，榕江乐里镇及周边区域村寨侗族女子的盛装上衣外套无领、右衽大襟、十字型、九分袖、无收腰，下摆有放量，因此在穿戴时腰部有收量效果。如图2-20所示，袖口至腋下到侧缝开衩处缝合，门襟、袖口处镶嵌绣片，领口包缝亮布则需要

图2-20　现代贵州榕江县乐里镇侗族女子出嫁时穿着的右衽大襟外套

选择带有暗红色的布条。由于侗族婚嫁一般都会在农闲的冬季举行,因此女子的出嫁盛装外套常常以棉服为主,近些年来也有的喜欢用羊毛做保暖材料。

外套的面料大都选择自织自染的侗族亮布,十字型结构也常常依据侗族亮布的尺寸进行设计组成,肩与袖呈一条直线。如图2-21、图2-22所示,外套的裁片共五片,前、后衣片在肩部不裁断,在前、后中心线处进行分割,因此其结构分割线较少,有前、后衣片共两片,加上一个大襟片,总共三个裁片,前、后衣片宽度与亮布的宽度一致。大襟片由两块幅宽相等的亮布在中心线处拼接成一个大襟;前小襟衣片的长度取大襟长度的一半。袖片为两片,长度等于衣片的宽度。

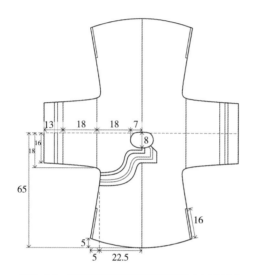

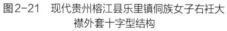

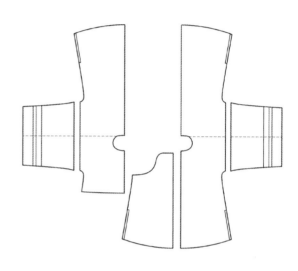

图2-21 现代贵州榕江县乐里镇侗族女子右衽大襟外套十字型结构	图2-22 现代贵州榕江县乐里镇侗族女子右衽大襟外套五个裁片

大部分侗族女子的外套都由家庭中的女性手工制作完成,虽依据侗族人的身体结构在尺寸上有一定的规律性,但每一个女性制作的外套尺寸都不完全相同,具有一定的差异性。

如表2-1所示,榕江乐里侗族女子的外套胸围约为100cm,衣长为65cm;领口围度较为合体,领口深约为8cm,领口宽约为16cm;袖片是一片袖,袖长则分为两个节段,分别为18cm、13cm,总长度约为31cm,袖窿宽约为36cm,袖口宽约为22cm。

表2-1　榕江乐里侗族女子盛装外套结构尺寸　　　　单位:cm

衣长	后颈点至肩点长度	胸围	腰围	领口深	领口宽	袖窿宽	袖口绣片宽	袖口宽
65	25	100	80	8	16	36	10	22

右衽大襟外套在黎平洪州地区也同样存在,其结构保留十字型,传统的手工侗族亮布依然是出嫁时穿着的首选服装面料。黎平洪州的嫁衣与榕江乐里的女子出嫁上衣外套仅在尺寸与装饰上有所不同。如图2-23所示,洪州平寨侗族女子外套偏向合体,袖型略窄,装饰上以几何形侗锦与侗布的组合为特色。

图2-23 现代贵州黎平县洪州镇平寨村侗族女子出嫁外套

随着机械化生产的面料大量涌入，在日常服饰或是节日盛装中，人们大都喜欢选用机器生产的面料，尤其是年轻女子更倾向于选择购买市面上的化纤或丝绸面料作为服装的材料。如图2-24、图2-25所示，榕江乐里和黎平洪州侗族女子节日时穿着的盛装外套，结构上依然采用十字型，外观造型也与盛装女子的上衣相同，所不同的是在选择的材料上，以机织面料作为主要材料，整件外套的色调纹饰等与传统盛装有了一定的区别。

图2-24 现代贵州榕江县乐里镇侗族女子丝绸面料盛装外套

图2-25 现代贵州黎平县洪州镇平寨村卡其布面料盛装外套

（二）右衽斜襟合体型

以贵州黎平黄岗，从江小黄、银潭、往洞侗寨及广西三江为代表的一些侗族区域的女子外套结构大都为右衽斜襟合体型样式，轮廓上呈X型，圆形无领，偏襟形状为直线形，合体、收腰，下摆放量较大。其尺寸和局部细节在不同区域稍微有些变化，如图2-26、图2-27所示，黄岗、小黄侗族女子上衣为三片式裁剪，袖为中袖，以绣片为装饰，镶嵌在袖口、门襟与下摆外。如图2-28、图2-29所示，往洞、银潭侗族女子上衣则为五片式裁剪，衣身三片，袖两片，其中每个前门襟处镶嵌的搭片大小有所不同。装饰上，则是以绣片与圆形银泡结合装饰在袖口部位为主要特征。

034

图2-26　现代贵州黎平县黄岗村侗族女子外套

图2-27　现代贵州从江县小黄村侗族女子外套

图2-28　现代贵州从江县往洞村侗族女子外套

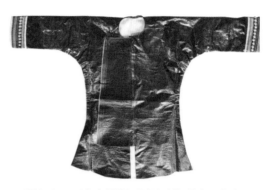

图2-29　现代贵州从江县银潭村侗族女子外套

右衽斜襟合体型外套在袖子和下摆的结构上以多层为美。袖中线和袖口处装饰绣片，使得整个袖型看起来是内长外短的多层结构。下摆则在内里拼接两层，拼接的中间一层下摆为浅蓝色，最里面一层为白色，每一层拼接下摆的长度均比外面一层衣摆边缘长约1cm，最内层长度逐渐递进增加，也是所有衣摆中最长的一层，视觉上造成衣身的多层式样。

（三）右衽斜襟宽松型

右衽斜襟宽松型外套主要分布在贵州的黎平尚重镇、茅贡乡以及榕江寨蒿镇，从江龙图、贯洞等部分村寨。这些区域的侗寨女子上衣外套从整体造型上来看，要显得宽松，腰身收量不大。相比较而言，黎平尚重地区与榕江晚寨女子外套衣身的长度是所有地区的外套中最短的，这种短款外套造型可能与其搭配的长衬衫有一定的关系。

右衽斜襟是在前衣片左侧中心线处拼接一块长条形衣片，形成斜门襟，然后把左侧斜门襟片向右延伸至右侧衣片的中部位置。如图2-30、图2-31所示，其结构上依然是十字型，前、后衣片以及衣袖连为一体不裁断，整件外套前、后衣片与斜门襟共三片裁片。这与右衽大襟有着一定的区别，右衽大襟是指右侧衣身被全部覆盖至腋下，右侧的前衣片则是一片小衣襟，长度至腰接线部位。

缝制工艺上主要强调绲边，在绣片边缘镶嵌五条红、黄、蓝、绿、银色丝带进行绲边。衣

图2-30 现代贵州从江县贯洞村侗族女子右衽斜襟宽松外套

图2-31 现代贵州黎平县堂安村侗族女子右衽斜襟宽松外套

身的后片在中缝处缝合，将前门襟与左侧前衣片的门襟缝合，前、后衣片在肩部处对称折叠，对折线即是肩线。从袖口处缝合至腋下，再至衣身侧缝开衩处，将绣片镶嵌在袖口，包住袖口的毛边，在前衣片的斜门襟上镶嵌 **Ꮭ** 型的绣片，并在门襟边缘缝合上自编的辫线作为装饰，如图2-32、图2-33所示。

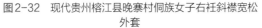

图2-32 现代贵州榕江县晚寨村侗族女子右衽斜襟宽松外套

图2-33 现代贵州黎平县寨虎村侗族女子右衽斜襟宽松外套

从外观形态上来看，这几款右衽斜襟宽松外套的结构特征与清代皇宫中的黄马褂的造型相类似，都是右衽斜襟，但从江贯洞、黎平肇兴门襟呈 **Ꮭ** 型，黎平尚重镇寨虎、茅贡乡地扪和榕江寨蒿镇晚寨等侗寨女子外套门襟的装饰造型则呈 **Ꮭ** 型。

（四）右衽大襟长款型

右衽大襟长款型是侗族女子服饰中较为少见的一种样式，主要保存在贵州北部报京等地。款式上保留了圆形无领、右衽大襟的特征，呈宽松型样式。结构上仍以十字型为主，前、后衣身在肩部处不裁断，共两个裁片，加上一片大襟片、两片袖片，整个外套共有五片衣片，领口镶嵌装饰呈 **ρ** 型（图2-34、图2-35）。

结构尺寸与其他地区有所区别，胸围尺寸约为116cm，衣长为92cm，下摆围度为146cm；袖宽为22cm，袖窿宽度约为23cm。领口围度较合体，领口深约为11cm，领口宽约为12cm，

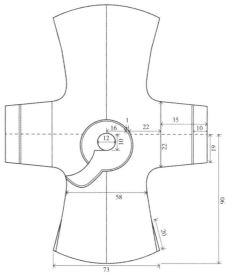

图2-34 现代贵州镇远县报京村侗族女子外套　　　　图2-35 现代贵州镇远县报京村侗族女子外套十
字型结构

领口处镶嵌贴边宽为10～13cm，从领口侧颈点到袖肘线处约为32cm，袖肘线至袖口约为
30cm，袖口宽约为19cm，袖口绣片宽度约为10cm。两侧开衩至腰，长约30cm（表2-2）。

表2-2　报京侗族女子外套结构尺寸　　　　　　　　单位：cm

衣长	连身袖	胸围	腰围	领口深	领口宽	袖宽	袖口绣片宽	袖肘至袖口长	下摆围度
92	32	116	100	11	12	22	10	30	146

报京侗族女子右衽大襟长款型造型与遗存于贵州安顺地区的汉族后裔服饰有一定的相似之
处。外套材料以深蓝色侗布为主，这是侗族侗锦的一种特殊面料，与侗族亮布有一定的区别。
在田野考察中，报京侗族女子的日常服饰面料则常常选用市面上的黑色平绒织物作为外套材
料，与安顺地区的面料较为接近，但在色彩上有所不同（图2-36、图2-37）。缝制工艺上，领

图2-36 现代贵州镇远县报京村侗族　　　图2-37 现代贵州安顺市屯堡汉族女子长款外套正、背面
女子外套

口周围镶贴一层不同色彩的面料，使得领口处形成两层。同时，在拼合时，将布料边缘用花带缝合，遮盖和包裹布料的毛边，使得整个领口从外观上看形成类似披肩的装饰效果。

三、侗族女子十字型衬衫

侗族女子的衬衫与外套在款式上较为接近，按照衣长可分为中长款、长款两种类别。结构上，衬衫的门襟设计则比外套要丰富，按照门襟样式又分为右衽大襟宽松型、对襟合体型、交衽合体型三类。从上文中可以归纳出，外套基本上以右衽为主要特征，而衬衫则包含了三种门襟类型，其中交衽合体型是侗族女子服饰中较为特殊的一种结构样式。

（一）右衽大襟宽松型衬衫

右衽大襟宽松型衬衫主要分布在贵州榕江的乐里和寨蒿、镇远的报京地区，其造型结构与外套结构相似，但门襟、领口的装饰有一定的区别。

榕江乐里侗寨女子盛装衬衫有蓝白两色，在款式上，保留了无领、右衽、长袖，无收腰、下摆放量的特征。缝制工艺与同一区域即榕江寨蒿镇晚寨村、黎平尚重镇的外套相同。如图2-38所示，榕江寨蒿镇晚寨侗族女子衬衫的装饰手法依然以领口、袖口等边缘位置装饰为特征，材料以现代棉布或化纤面料为主，色彩以蓝、白为主色，装饰绣片则以彩色为尚，领口装饰绣片的造型也稍有区别，一种为 ✎ 型，另一种为 ✎ 型。

图2-38　现代贵州榕江县晚寨村侗族女子白色、蓝色衬衫

结构上呈十字型，衣身与袖片共五片，尺寸略小于外套，但也属于宽松型，胸围约为90cm，衣长为65cm，衣摆围度为110cm。领口围度较为合体，约为38cm，其宽度为12cm。袖为两节袖，长度分别为18cm、13cm，总长度约为31cm，袖窿宽度约为18cm，袖口宽度约为16cm，因此袖身比外套更加合体（表2-3）。

表2-3　榕江乐里侗族女子蓝白两色盛装衬衫结构尺寸　　　　　　　单位：cm

衣长	胸围	衣摆围度	领口围度	领口宽	袖口宽	袖窿宽度	上袖长	下袖长
65	90	110	38	12	16	18	18	13

（二）对襟合体型衬衫

对襟合体型衬衫分为两种样式，一种为中长款，主要分布在贵州黎平县、从江县以及广西三江县、湖南通道县等地区；另一种为长款，分布在贵州黎平县的尚重、茅贡，榕江的晚寨等地。材料上包括自织的侗族亮布和市面上所售的白色、蓝色化纤面料。从江县谷坪乡、黎平县永从乡两个地区的侗族女子衬衫在结构上基本相同，所不同的是门襟上的装饰与中心线的宽窄度。如图2-39、图2-40所示，永从乡侗族女子衬衫因在门襟下摆和侧缝处均有放量，使得门襟线为斜线，整个前门襟呈V型；谷坪乡侗族女子衬衫的衣摆在侧缝处放量，门襟下摆处则未放量，门襟线保持平直，门襟呈H型。

图2-39　现代贵州黎平县永从乡三龙村侗族女子衬衫　　图2-40　现代贵州从江县谷坪乡银潭村侗族女子衬衫

对襟合体型衬衫在结构上与外套相同，以十字型为特征。裁片共四片，前、后衣片在肩线处不裁断，袖身两片，比右衽斜襟外套少了一块前门襟处拼接的长方形搭片（图2-41）。其尺寸略小于外套，如图2-42所示，衬衫两片前门襟中间会空出一块空间，宽度约为11cm，领口处贴合颈部两侧，较为合体。

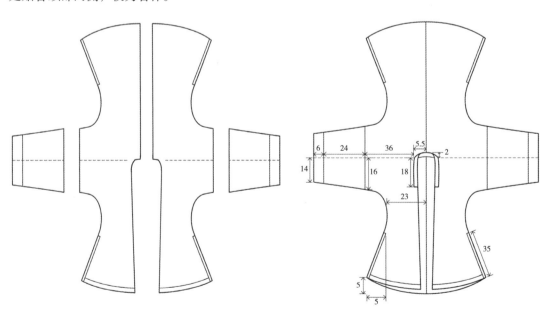

图2-41　现代贵州从江县谷坪乡银潭村侗族女子衬衫裁片　　图2-42　现代贵州从江县谷坪乡银潭村侗族女子衬衫十字型结构

结构上，胸围约为80cm，衣长为75cm，衣摆围为102cm；领口镶边高度为2cm，长度为18cm，领口宽度为11cm；袖为肩袖连体，从领口侧颈点到袖肘处长度为36cm，在袖肘处拼接长24cm的小袖身，袖口处镶嵌6cm的绣片，袖窿宽度约为18cm，袖身宽度约为16cm，袖口宽度为14cm，因此袖身比外套袖更加合体。两侧开衩至腰，长度约为35cm（表2-4）。

表2-4   对襟合体型侗族女子盛装衬衫结构尺寸 　　　　　单位：cm

衣长	胸围	衣摆围	领口宽	领口镶边高	袖口宽	袖窿宽	侧颈点至袖肘线长	袖肘线至袖口长	袖口绣片宽度
75	80	102	11	2	14	18	36	24	6

（三）交衽合体型衬衫

交衽，即两个前衣片在门襟处相互交叠，外观上与古代贯头左衽相近。两个前衣片按前中心线对称裁开，在中心线处各自拼接一片三角形或长方形布料，形成大小相同、相互交叠的两个前门襟，称为交衽式。

在侗族女子交衽合体型衬衫中，按照门襟的造型可分为两种类型，一种为斜襟交衽型。如图2-43所示，广西三江独峒侗族女子衬衫的领口呈V型，裁片上，两个前门襟线处各自拼接一个长条形布料，形成大襟，两个前门大襟交叠之后右侧衣片直接覆盖左侧衣片至侧缝处。

另一种为大襟交衽型。如图2-44所示，贵州黎平尚重侗族女子衬衫领口呈Y型。裁片上，长款衬衫有六片裁片，前、后衣身连接成整体共两片，门襟两片，袖身两片，两片前襟形成对

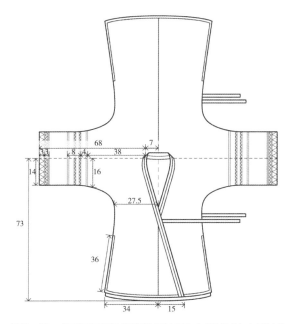

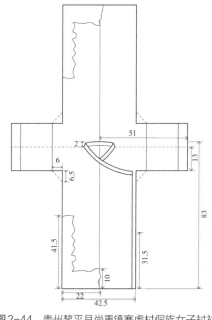

图2-43　广西三江县独峒镇独峒村侗族女子衬衫十字型结构　　图2-44　贵州黎平县尚重镇寨虎村侗族女子衬衫十字型结构

称的两个大襟，袖与肩呈直线，无落肩，袖身较合体，腋下处插一片三角形裁片，作为人体运动时的放松量。从外观上看形成了右衽式样，类似于长袍。

尚重侗族女子衬衫的胸围约90cm，略小于外套，长度比外套长，约为83cm。领口围度合体，约为38cm，立领高为2cm。从后颈点至袖口长度约为51cm，穿起来至手腕处，袖口宽度约为13cm，镶嵌宽约5cm的绣片，与外套的短袖相呼应。袖口与衣摆两侧均镶嵌绣片，两侧开衩至腰部约为32cm，镶嵌的绣片长度约为42cm、宽度约为10cm（表2-5）。

表2-5　黎平尚重侗族女子长款衬衫结构尺寸　　　　　单位：cm

衣长	衣衩长度	衣衩镶嵌绣片长度	衣衩镶嵌绣片宽度	胸围	衣摆围度	领口围度	立领高	袖口宽	袖窿宽	后颈点到袖口长	袖口绣片宽
83	32	42	10	90	90	38	2	13	18	51	5

侗族女子的斜襟和大襟衬衫在结构上都属于交衽样式，由于前衣片拼接的布料造型不同，交叠穿戴时会形成不同的外观效果。在结构的细节处理上，广西三江独峒侗族女子的衬衫腋下没有独立的插片，尚重侗族女子的衬衫则在腋下增加了独立的插片，从而增强衬衫的活动性和功能性。

总体来说，侗族女子衬衫是一年四季中穿用时间较长的一种上衣，既可以作为外套直接穿着，也可以作为礼仪服饰之下的内衣穿着。右衽、对襟与交衽三种衬衫款式各有特色，对襟、交衽衬衫的门襟结构对称，右衽衬衫的门襟则有大小之分。在门襟的固定方式上，右衽大襟衬衫以盘扣固定，对襟合体型门襟则呈开放状态无须固定，而交衽衬衫则在左右侧缝处系带打结以固定两个门襟。

材料上，一般有自织的棉纤维的侗族亮布与外来的化纤材料仿制的侗布两种。由于亮布制作耗时长，非常珍贵，因此自织的亮布常常作为女子节日或是出嫁时穿着的服装材料，日常生活中则较多地穿着外来面料制作而成的衬衫。色彩上，较之外套要多样化一些。传统衬衫衣身以暗红色亮布为主，如肇兴堂安、黎平黄岗、从江银潭等侗寨女子盛装依然沿用传统的侗族亮布，而在贵州榕江的乐里、晚寨，黎平的尚重，从江的庆云，湖南的通道，广西三江的独峒等一些侗寨则以蓝色棉布为主。装饰上，主要以异色布的层层拼接为特征，辅之以装饰纹样来点缀袖口、门襟、领口、侧缝边衩和衣摆处，强调其层叠感的形式（表2-6）。

侗族女子衬衫最大的特色与优势依然是十字型结构，从右衽大襟到对襟开衫或是交衽，其结构上均沿用了十字型，尤其是长款的交衽衬衫，不仅沿用了古代的十字型结构，而且进行了改良创新，更加适合当地女子穿着。从中可以看出，侗族女子服饰拥有自身的独特风格的同时，也对中国传统的服饰结构进行了延续和传承，并使之成为自身民族服饰的独特语言。因此，侗族服饰尤其是当下的传统侗族服饰，不仅有着不同时代的历史印记，更记录了侗族女性在历史的长河中如何传承、如何创新的一种思维轨迹和智慧。

表2-6　不同区域侗族女子衬衫十字型结构对比

序号	衬衫	村寨	实物图	十字型结构图
1	右衽大襟宽松型	贵州榕江县乐里镇		
2	对襟合体型	贵州黎平县双江乡黄岗、从江县高增乡小黄村、银潭村		
		贵州黎平县往洞乡、口江乡、永从乡		
		贵州榕江县寨蒿镇、黎平县尚重镇		
3	交衽合体型	贵州黎平县肇兴乡、从江县贯洞镇		

序号	衬衫	村寨	实物图	十字型结构图
3	交衽 合体型	湖南通道县、 广西三江县		
		贵州黎平县尚 重镇、榕江县 寨蒿镇		

综上所述，上衣材料可分为三类：第一类为自织的侗族平纹亮布，作为侗族外套、肚兜、褶裙的主要材料；第二类为外来化纤布、棉布和平绒布，这类面料是现代侗族女子日常服装中的主要材料，如夏季衬衫、肚兜以及节日盛装或出嫁时穿的外套门襟衣摆的层叠部分、侧边衣衽的镶嵌都会选择棉布或化纤面料，而且在其他部件也使用较多，如围裙的底料、肚兜的边缘镶嵌等；第三类为侗族女性自织的侗锦。侗锦在我国湖南通道的侗族区域运用较多，儿童上衣、背带、头帕、节日盛装和边饰等都以侗锦作为主要材料。在贵州的侗族地区，依据田野考察资料，尤其是在黎平、从江、榕江地区的盛装中注重刺绣、银饰等工艺特征，侗锦运用得较少，一般只作为门襟边缘、围裙腰头、腰带等部位的装饰。目前，在贵州黎平洪州侗族服饰中，侗锦的使用较多。织锦主要作为包头帕和腰带，其特点是相较于亮布要有肌理结构和丰富的色彩。

上衣色彩多以对比色为主。传统的侗布色彩是以亮布中的暗红色为高贵色，辅之以装饰纹样的多彩搭配和其他异色布料的拼接，形成了以光亮的暗红色为主调，辅之以红、绿、蓝、白、紫等多种颜色组合的外套。

上衣纹样以繁盛为尚。侗族女子服饰尤其是盛装外套上纹样的主题基本上为花草、动物以及几何图形。纹样所装饰的面积不大，但种类与形态细腻而丰富，主要位于门襟、袖口、侧缝等显著部位。在穿戴上，配件如披肩、项饰、围裙、飘带等常常将外套遮掩掉大部分，而门襟、袖口、侧缝衣摆的装饰部位则裸露在外。因此，侗族女子盛装的纹饰题材和装饰部位大都有自身的特色，一方面运用边饰强调层叠感，另一方面充分运用服饰上的每一个展示装饰纹样的空间，使之能够丰满而有意义。

上衣结构保留了古代遗风。侗族女子日常服饰、盛装服饰以及婚嫁礼仪服饰的款式包括T型和X型两种类型，衣长有短、中、长三种款式，以右衽大襟和交衽斜襟为特点，尤其是在结构上，以十字型为主，一方面保留了中国传统直线型的裁剪方式，解决了传统手工侗布幅宽上的局限性，也最大限度地减少了材料的浪费，用少量的、简练的裁剪和分割线，设计出精美的融合传统和创新的侗族服饰。另一方面从文化学的角度来看，这种传统的结构方式保留了我国古代袍服的结构样式，既对历史文化进行传承，又在传承中不断地变革和创新，形成了适合自身生活环境的服饰样式，值得我们记录和传承。更为重要的是，侗族女性开放的设计思维、传承、创新传统工艺的方式与能力值得我们借鉴和学习。

第三节　多褶与捆绑的下裳

一、褶裙

（一）褶裙样式

褶裙是侗族女性服饰中最具有代表性的一个部分，也称百褶裙。其样式与其他民族相比，属于短裙类，长度是由侗布幅宽即纬向长度决定。传统的侗布以手工制作为主，织机的宽度决定了侗布的幅宽，一般手工侗布宽度在35～45cm。因此，裙身的长度加上腰头宽度，基本上可以确定在40～50cm。由此推测，侗族各地女子褶裙的长度相差不大。现代非传统手工纺织的侗布，也基本上传承了传统侗布幅宽的样式，保留手工纺织的尺寸来制作褶裙。

侗族女子褶裙的妙处不仅是以亮布的宽度作为裙长，宽阔的围度与细密的褶裥也是其特征。褶裙的围度大小直接影响裙子的外观形态以及穿着效果。因此，围度也是褶裙分类的标准之一，通常若按围度来分，有半圆形和整圆形两种款式，二者的区别在于用布量的多少，围度也受到褶裥量的影响，褶裥多，用布多，围度大，就会形成整圆裙样式；褶裥少，用布则少，围度偏小，往往形成半圆裙样式。根据各地的穿着习惯和喜好，广西三江独峒、贵州黎平尚重的盖宝、双江的黄岗、口江的朝坪侗寨和从江高增的小黄等侗族村寨都偏好整圆形百褶裙（图2-45）。

围度偏小的褶裙大都以半圆形褶裙为主，如贵州从江银潭、往洞，黎平肇兴、堂安、龙额、水口、地坪等地区。整圆形褶裙需要不少于18个裁片，多的达到40个裁片，每一个裁片

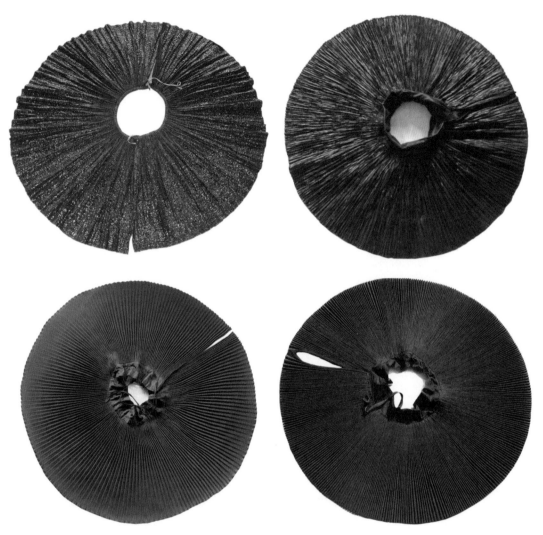

图2-45　不同地区侗族女子整圆形褶裙

宽度约为50cm，每个褶的褶量约为1cm。半圆形褶裙的裁片宽度与围度则是整圆形褶裙的一半（图2-46）。

　　穿着方式也是褶裙较为特别之处。依据文献资料和清代图册中的描绘，除了上文中提到的古代贯头衣外，褶裙也是侗族先民们早期创造的服饰之一，是侗族传统服饰中保留了古代服饰特征的一种代表性服饰，但随着外来文化的融入，侗族传统褶裙的穿着方式也逐渐发生变化并面临消失的境况。

　　一是多层穿着方式的变化。侗族传统半圆形褶裙与整圆形褶裙常常是内外结合穿着，形成多层穿着方式。半圆形褶裙作为内衬裙穿着在里层，外层则穿着整圆形褶裙，整圆形褶裙在里层内衬裙的支撑下才显得更加挺拔，但这种多层的穿着方式目前已较为少见，在黎平尚重的一些村寨还保留着这种多层穿着方式。二是褶裙穿着围系方式的变化。传统侗族褶裙的围系非常讲究，它是一片式结构，穿着时将褶裙侧边放置在后，另一侧边环绕胯骨处一周半，将之前的一侧褶裙边缘重叠覆盖，用腰带系在胯骨处，这样褶裙一方面呈现出完整的圆形，另一方面褶

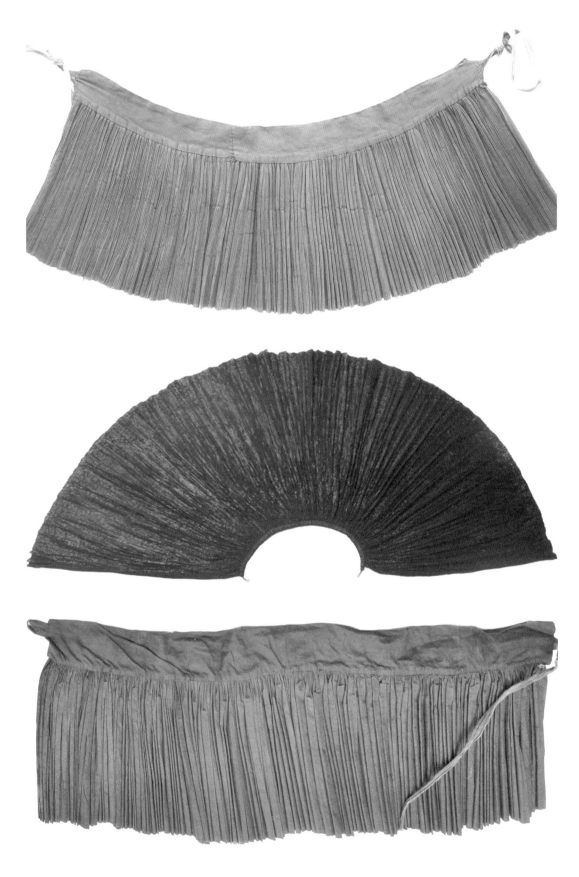

图2-46　不同地区侗族女子半圆形褶裙

裙、腰带以及围裙等围系在腰部与胯部的众多物件显得并不那么臃肿，褶裙也在人体走动的过程中随着肢体的活动而产生动感。在现代的侗族褶裙穿着中，传统的穿着细节正逐渐消失，年轻的侗族人，尤其是在城市生活的侗族人，大都只关注褶裙的外观形态或材料上的特色。三是材料上的变化。传统褶裙材料主要是侗族亮布，目前代替侗族亮布的褶裙材料已经十分普遍，如机械涂层材料、化纤染色材料等。在湖南通道、贵州榕江乐里的一些侗寨里，不论是日常服饰还是节日盛装、出嫁礼服，褶裙基本上是在市面上购买而来，手工亮布褶裙很少见。工业生产材料的出现，使得这些地区的褶裙形态发生了很大变化，在长度上比传统亮布褶裙要长出许多，穿着起来长度基本到膝盖甚至膝盖以下，超出了侗族传统褶裙的基本长度。在造型上化纤材质的褶裙与亮布褶裙也有很大的差别，亮布褶裙所具有的挺拔的褶线是其最大的特点，化纤材质的褶裙则失去了这种特征，褶的悬垂性很强。

（二）褶裙的褶工艺

传统褶裙材料为亮布，制作时需要准备一块长约60cm、宽约50cm的表面平整光滑的木板，9~10个宽约10cm的表面光滑的竹片。制作步骤为：准备工具与材料（图2-47①~③）→折出纵向细褶（图2-47④~⑥）→褶裙下摆逆向折褶（图2-47⑦~⑨）→绑缚褶片（图2-47⑩、⑪）→抽线，完成裙片褶的制作。

① 准备一块长约60cm、宽约50cm的表面平整光滑的木板，9~10个宽约10cm的表面光滑的竹片。

② 裁剪一块长、宽约41cm的亮布，将裁剪好的亮布平铺在木板上。

③ 从布中间纵向对折出一条中心线。

④ 在布的一端横向折叠出约10cm的布幅，并保留褶痕。

⑤ 以纵向中心线为中轴线，折出第一条褶，并以这条中心褶为基础，向两边依次折出纵向的细褶，每个褶高约为0.5cm。

⑥ 以第一个褶为中轴线向两边折褶。

⑦ 以下端10cm处横向折叠线为界，将下端的10cm部分逆向折叠，与上端形成交错感。

⑧ 整理10cm处的横向折线。

⑨ 理顺整块布的上下褶。

⑩ 将折叠好的裙片归拢到一起。

⑪ 将所有褶捏紧放置在竹板光滑的表面上，用毛线或麻绳将褶布紧密缠裹在竹板上。放置屋内阴凉处一周后，将其从竹板上拆下，用针线将所有的褶布缝合成一个整片。在褶布上端用针线将每一个细褶串联并抽紧，再缝合腰头和腰带。最后，抽线，完成裙片褶的制作。

图2-47 贵州肇兴镇侗族女子褶裙制作过程

二、绑腿

绑腿与褶裙是侗族女子服饰中的一对好搭档,有裙必有绑腿,这也是侗族最具传统特色的服饰组合之一。绑腿从结构上看有两种形式:立体型与平面型。

第一种为立体型绑腿,如裤筒一样直接套在腿部,分为短筒型与长筒型两种。短筒型长度为从脚踝到膝盖的位置;长筒型长度为从脚踝直至大腿中部的位置。如图2-48所示,短筒型尺寸结构一般因人而异,较为合体,围度以人的小腿肚的围度为最大,另加一个单独的圆筒型绣片,套在绑腿外作为绑腿的装饰。圆形绣片围度与绑腿围度相当,宽度约为10cm,其纹样、色彩与嫁衣外套的袖口、领口相同,主要分布在榕江的寨蒿、乐里,从江的往洞等区域。

长筒型绑腿的结构平面图呈倒梯形,上宽下窄,分为上下两个裁片,具体尺寸因人而定。在田野考察中以身高为160cm的女子所穿嫁衣为标准,其绑腿尺寸长约64cm,上口宽约52cm,膝围线宽度约38cm,脚踝处宽度约34cm。此外,绑带也是绑腿中的重要部分,其长度约180cm、宽约5cm,常用浅蓝、深蓝色的化纤面料或彩色侗锦织带等材料。穿戴绑腿时,将绑带围系小腿至膝盖部位,在小腿外侧处打结,既固定绑腿使其不下落,又构成绑腿上的重要装饰。主要分布在榕江寨蒿镇晚寨村(图2-49)、从江往洞镇平寨村(图2-50)以及黎平尚重镇寨虎村(图2-51)等侗族村落。

第二种为平面型绑腿,其造型是用长方形幅布制作而成。两层幅布缝合,外层是亮布,里层是软的棉布。如图2-52所示,肇兴侗族女子绑腿幅布上端两个角和下端侧面各固定一根绑带,在绑腿表面系结,固定绑腿使其不散落,同时也作为装饰使得腿部色彩鲜艳。整块幅布长约40cm、宽约42cm,下端绑带长约80cm,上端两个边角的绑带一长一短,长绑带约180cm、短绑带约40cm。绑带的穿用方式主要是用缠裹的手法,从而形成绑腿上的一种独特装饰。

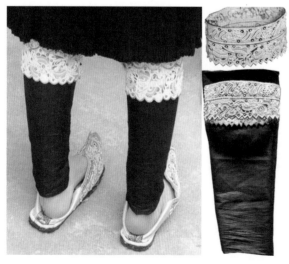

图2-48 现代贵州榕江县乐里镇侗族女子立体型短筒绑腿

图2-49 现代贵州榕江县寨蒿镇晚寨村侗族女子立体长筒绑腿

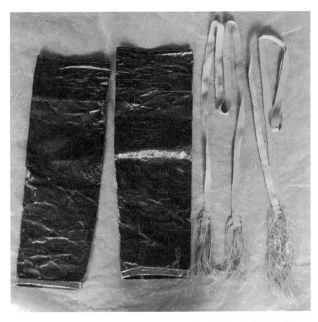

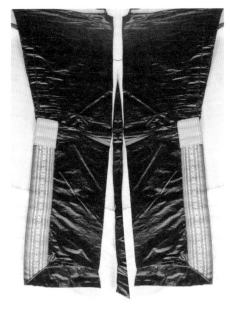

图2-50　现代贵州从江县往洞镇平寨村侗族女子立体长筒绑腿

图2-51　现代贵州黎平县尚重镇寨虎村侗族女子立体长筒绑腿

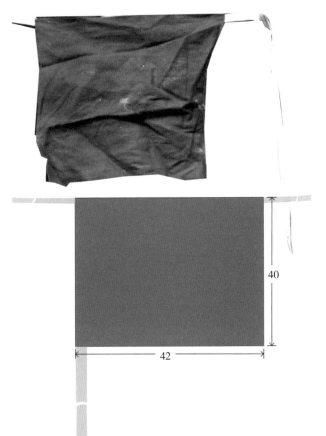

40

42

图2-52　现代贵州黎平县肇兴镇侗族女子绑腿平面结构与穿用效果

第四节　多层结构的边饰

一、现代侗族女子服装边饰

服装边饰即服装的边缘装饰。在清代刘锡蕃的《岭表纪蛮》一书中提到侗人服装"襟袖裙缘，多级缬纹布片"，即服装的边缘为多层装饰。在田野考察中发现，除了配件中的满绣、满银装饰外，边饰依然是现代侗族女子服饰中的主要装饰手段。如上衣的门襟、袖口、衣摆和侧边开衩等边缘部位，绑腿的侧边以及围裙、头巾等的边饰非常丰富，各具特色。侗族女子上衣边饰主要强调层叠性特征，包括门襟边缘多层镶嵌、衣摆边缘多层拼接、侧缝开衩边缘多色装饰、袖口边缘异色布层叠组合等。

（一）门襟边饰

侗族女子上衣的门襟形态各异，边饰也因门襟的形态而形成独特形态。门襟边饰主要包括 ♩ ⎰ ⎱ Ⅴ 等几种样式，装饰手法以镶嵌绣片和镶绲边缘两种方式为核心，形成单色和多色的样式特征。单色是门襟处镶嵌单个异色面料装饰（即使用与衣身色彩不同的单色面料装饰），或镶嵌与衣身面料相同的装饰。多色边饰则是在门襟处镶嵌多色丝线绣制而成的绣片或镶嵌多条不同色彩的绲边，造成视觉上的层次感（图2-53）。

茅贡乡门襟边饰

洪州镇门襟边饰

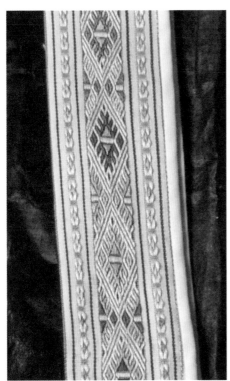

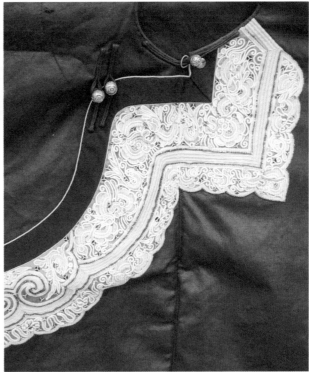

龙额乡门襟边饰

乐里镇门襟边饰

永从乡门襟边饰

尚重镇门襟边饰

图2-53

双江乡门襟边饰　　　　　　　　　　往洞镇门襟边饰

图2-53　现代侗族女子盛装上衣门襟边饰

（二）袖边饰

　　侗族的袖边饰强调层次感，通常运用外套与衬衫组合的穿着方式来表现袖边饰的层叠效应。外套一般是中袖，袖口边缘装饰有三种：第一种是拼接异色布，形成多层效果；第二种是镶嵌刺绣边；第三种是在袖口内里镶嵌刺绣片再翻卷到正面来装饰袖口，使得袖口处形成层叠状态。外套与衬衫的袖边饰往往在设计的时候就已经形成了一种预设，二者穿着之后，袖边饰常常连成一个整体。外衣袖口边饰一般在袖肘处，衬衫则在袖肘处以下进行装饰，分别用不同的异色布拼接至袖口处，然后在袖中线和袖口处装饰或镶嵌彩色牵条，形成多重边饰，视觉上呈现出多层穿着的效果。如图2-54所示，不同区域侗族女子外套的袖口边饰，有异色布拼接，也有不同花带组合形成层次感。这种装饰形式与清代汉族的大挽袖、多重袖的装饰非常相似，结合沈从文在《中国古代服饰研究》一书中的描述，清初妇女服饰"外护袖以锦绣镶之"的分析，可推测侗族盛装边饰与清代汉族妇女服装边饰特征相近。

永从乡袖口边饰

双江乡袖口边饰

肇兴镇袖口边饰

西山镇袖口边饰

尚重镇袖口边饰

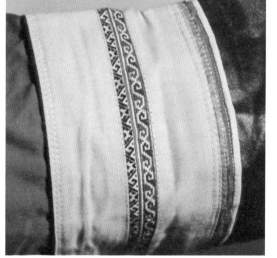

洛香镇袖口边饰

图2-54

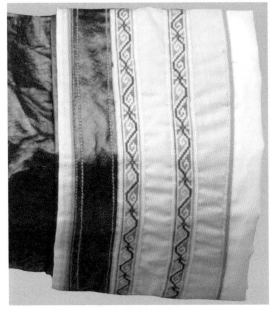
高增乡袖口边饰

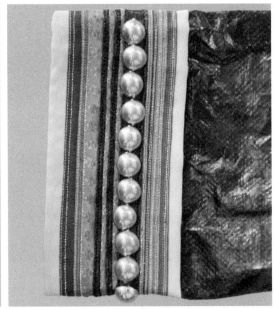
谷坪乡袖口边饰

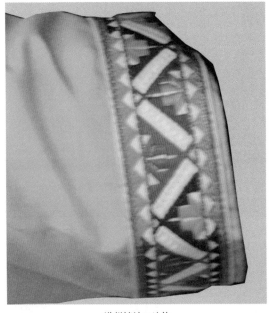
洪州镇袖口边饰

乐里镇袖口边饰

图2-54　不同村寨侗族女子盛装外套袖口边饰

（三）衣摆边饰

衣摆穿着效果大致有四种造型风格：绣片贴边衣摆、拼接衣摆、绣片与绳边结合镶嵌衣摆、多层衣摆。第一类是绣片贴边衣摆，这类衣摆中的绣片纹样布置会形成两个层次，从空间形态上看会产生两层套叠的效果。主要在黎平尚重等地区的侗族女子服饰中出现。如图2-55①所示，洋洞绣片贴边衣摆，共镶贴两排绣片，形成多层衣摆的视觉效果。第二类是绣片与绳边结合镶嵌衣摆，这类上衣样式在很多侗族地区的女子服饰中都存在。如图2-55②所示，从江的银潭、占里，黎平的黄岗、三龙等侗寨上衣绣片与牵条色彩各异，也形成了衣摆多层次感。第三类是拼接衣摆，即在衣服下摆的内里部分镶嵌2～3层独立衣摆。如图2-55③所示，内层依次比外面一层要长出1～2cm，组合成多层衣摆，造成穿着多层上衣的视觉假象。这种类型的衣摆主要在从江的小黄、黎平的三龙等村落的女子上衣中保留。前三类衣摆的结构与造型手法虽不同，但装饰目的都是使得穿着的衣物具有多层次的效果。第四类是多层衣摆，主要保留在贵州的雷洞、水口等一些侗族村寨中。如图2-55④所示，这类样式是由穿着多层上衣形成的真正的层叠效果，也是侗族女子上衣中一种传统的衣摆层叠装饰样式，体现出衣服的空间层叠效果，是侗族服饰中古老的穿着方式。

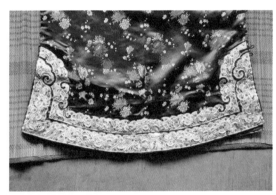

①黎平县洋洞村绣片贴边衣摆

②黎平县黄岗村绣片与绳边结合镶嵌衣摆

③从江县小黄村拼接衣摆

④黎平县南江村多层上衣穿着衣摆

图2-55　贵州不同侗族村落女子外套多层下摆样式

（四）衩边饰

衩边饰，指上衣侧边开衩处的装饰，上衣两侧开衩是侗族女子服饰的主要结构特征之一，一方面增加了侗族服饰的独特美感，另一方面其也是古代侗族服饰遗存的一种结构特征。侗族女子服饰的侧边衩边缘运用了丰富的镶、绳、绣等装饰工艺。

黎平永从乡三龙侗族女子盛装上衣的两侧开衩边缘用绿、紫、黄面料和彩色刺绣带四种叠加缝合，最底层面积最大，依次向外面料逐渐减小，形成了多层叠加的效果（图2-56①）。双江乡黄岗侗寨女子夏季衬衫的衩边饰，以衩口的装饰手工线与绳边的红绿对比色来突出衩的层次感（图2-56②）。往洞少女盛装上衣的侧面开衩装饰，通过镶嵌绣带与镶绳异色布突出多层的视觉效果（图2-56③）。雷洞侗族地区的女子盛装为多层叠加穿着，一套盛装上衣一般由五件相同款式组成，形成真正意义上的多层层叠穿着；两侧开衩处用牵条镶绳；每一件侧边的开衩镶绳牵条5根，中间用彩色线绳交叉缝合边衩，亦形成多层效果；五件外套同时穿着，多个衩边饰叠加，极具空间感（图2-56④）。黎平尚重、洪州地区的侗族女子衬衫侧边衩装饰，运用刺绣龙纹的立体效果与绣片的宽度来体现其装饰性（图2-56⑤）。

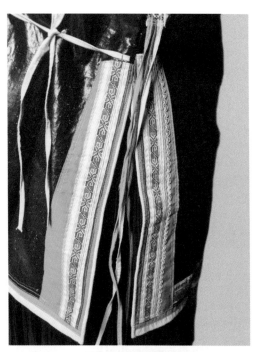  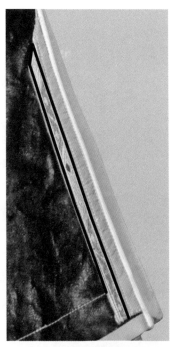

① 永从乡三龙村边衩　　　② 双江乡黄岗村边衩　　　③ 往洞乡平寨村边衩

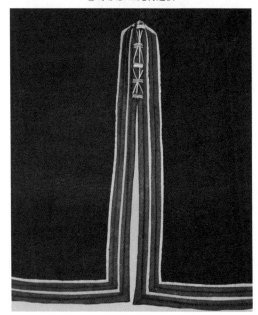 

④ 雷洞乡牙双村边衩　　　　　⑤ 尚重镇西迷村边衩

图2-56　黎平县不同侗族村落女子上衣侧缝开衩边饰

从不同的侗族女子服装边饰来看，材料上包括异色布料、牵条、绣带以及绣片等，这些材料有的是单独装饰在某一个部位，有的是组合在一起装饰。每一种边饰材料基本上都是独立的个体，通过各种工艺手法放置到服饰的各个部位。

在田野考察中发现，侗族是西南地区中保留服装边饰较多的民族之一。相邻的苗族服饰种类虽然繁多，其装饰手法则强调衣身中大面积的装饰，如背部大面积镶嵌银饰，袖与肩相连的整体刺绣，多色纹样的整体裙装装饰等，其重银、重绣的特征主要通过装饰面积和体量感来体现，与强调层次与空间感的侗族女子服饰有着一定的区别。因此可以说，边饰是侗族女子服饰区别于其他民族服饰的主要特征之一。

二、侗族传统边饰的遗存

（一）古代传统服装边饰特征

边饰，也是汉族传统服装装饰中的重要组成部分。在古代汉文献中对服装边饰的记载较为详细，在春秋战国时期的深衣中，边缘装饰就已经出现。秦汉时期袍服边缘装饰已经成为礼服中的重要形式，尤其至东汉，宫廷或豪门望族女子婚嫁，均用质料华丽、工艺精细、纹样精美的袍作为嫁衣，其衣领、袖口、下摆均以多重缘饰为特色，以多次绲边为时尚。同时，边缘装饰与穿着者的身份地位相呼应，如在《后汉书·舆服志》中记载："公主、贵人、妃以上，嫁娶得服锦绮罗縠缯，采十二色，重缘袍。" [1] 在汉代，汉族女子节日服装或出嫁时的盛装袍服也强调边缘装饰。在之后的不同时代，边饰一直伴随着我国传统服饰的发展而形成多种多样的装饰风格。至清代，边缘装饰更甚，如清代宫廷礼仪服饰中最具特色的是镶嵌在领口与多重袖两个部位的边饰。尤其是多重袖的边饰，袖口的长度由内向外依次递增，形成内长外短的层叠效果，每一层袖口处镶嵌与衣身纹样不同的刺绣花边，也形成了袖边饰的多重效果。

（二）古代侗族女子服装边饰特征

侗族女子服装边饰主要指领口、门襟、袖口、衣摆等边缘处的装饰。根据不同版本图册中的洪州苗、峒人和六洞夷人等条目可以直观地看到领口、袖口、裙摆处的边饰工艺特征，尤其是裙边饰非常明显。如图2-57所示，古代洪州地区的侗族女子日常生活中的上衣下裙都有边缘装饰，包括领口、袖口、衣摆，以及上衣侧缝开衩边和褶裙边缘等。边饰的纹饰也各不相同，有菱形网格状、独立花纹连续等。如图2-58所示，六洞夷人女子出嫁时的嫁衣，边饰也是其主要装饰之一，如褶裙边缘装饰的菱形纹，披肩上的如意头边饰等。可以推测，我国古代侗族服装中，边饰是一种主要的装饰手法。

❶ 张末元.汉代服饰参考资料[M].北京：人民美术出版社，1960：74.

图2-57　清代洪州侗族女子常服裙边饰（图片摘自：杨庭硕《百苗图抄本汇编》）

图2-58　清代六洞夷人侗族女子嫁衣裙边饰（图片摘自：杨庭硕《百苗图抄本汇编》）

（三）现代侗族服饰对古代传统服装边饰的遗存

侗族服饰在自身发展的脉络中，也不断地融入汉族服饰语言。一方面，社会经济文化的发展，带来了中原地区的各种技术与衣料。同时，中原地区的汉人不断南下所带来的汉文化影响，也使得侗族服饰语言不断吸收中原服饰的装饰风格，逐渐形成了独特的侗族服饰装饰特征。在刘锡蕃的《岭表纪蛮》一书中，侗族被称为"老汉人"，他认为侗族先民中的一部分是由汉族的先民构成，同时，在历年的争战中，汉人也不间断地融入侗族族群中。显然，汉人的融入所带来的服饰穿戴、文化习俗等对侗族有着很大的影响。另一方面，沈从文在《中国古代服饰研究》一书中也指出，汉代文化各部分都受楚文化影响，衣着方面也常提及"楚衣""楚冠"等。男女衣着多趋于瘦长，领缘较宽，绕襟旋转而下。衣多特别华美，红绿缤纷，衣上有作满地云纹、散点云纹或小簇花的，缘边多较宽，作规矩图案，一望而知，衣着材料必出于印、绘、绣等不同加工，边缘则使用较厚重织锦。可见，汉族服饰的边饰也受到楚文化的影响，"缘边多较宽"，以织锦为主要装饰。结合现代侗族嫁衣的领襟、袖、衣摆、衣衩、袖口等边饰，可知汉族礼仪服饰边饰与侗族女子服饰边饰相互影响。因此可以推测，在现代侗族女子服装的边饰中依然保留着我国古代中原地区传统服饰的边饰语言。

从以下几款服饰实例比较中可以说明这一遗存的特征。如图2-59、图2-60所示，清代末期的果绿色暗花缎琵琶襟皮马褂领口边饰有着古代云肩的遗风，整件服饰具有晚清宫廷的装饰特色，与榕江侗族盛装衬衫的领口非常相似，二者皆在圆形领口周围镶嵌一圈绣片作为边饰，形成类似披肩的造型。在边饰和门襟的造型装饰上，也与贵州侗族女子盛装较为接近。如图2-61所示，贵州黎平尚重侗族女子盛装外套门襟以红、绿、白、蓝四色均匀间隔绲边，再镶嵌一块二龙戏珠的云龙纹绣片，形成门襟处装饰独特的"ﾚ"型，与晚清皮马褂的结构相近。

正面　　　　　　　　　　　　　　　　　背面

图2-59　清代果绿色暗花缎琵琶襟皮马褂（清华大学艺术博物馆藏）

图2-60　现代贵州榕江县乐里镇侗族女子盛装衬衫领口

图2-61　现代贵州黎平县尚重镇侗族女子盛装外套"乙"型门襟

　　如图2-62所示，清华大学艺术博物馆馆藏清代汉族女子长衫，领口边饰为镶嵌的三个宽度不一的花边。袖为多重袖，运用绣片的层叠装饰，使得绣口长度由内向外依次递增，形成了多层边饰。贵州黎平雷洞牙双侗寨女子盛装上衣袖口与清代女子袍服多层袖口有着相似的结构，如图2-63所示，牙双侗寨这款盛装外套由三层组成，袖口处依次折叠形成三层层叠装饰，加上衬衫的袖边缘，使得整件上衣袖口处层次更加丰富。从我国古代不同历史时期的边缘装饰可以看出，边缘装饰已经成为礼仪服饰中的重要装饰之一，具有明确的阶级性，是个人身份、地位的象征。

　　在古代侗族地区，由于材料的缺乏和季节的变化，人们为了生存的需要而形成了多层穿着的习惯，也使得服饰逐渐成为财富的象征，多层穿着的习惯成了展示财富的一种方式。在现代侗族女子服装中，边饰则是多层穿着方式的变异。自棉花进入南方地区，服装的保暖功能得到提升，人们对多层穿着的需求逐渐降低，但从习俗到审美习惯上，人们倾向于保留服饰的多层感受，因此在服饰的制作上依然保留层次感，在边缘处进行多种装饰性的表达，形成层叠的效果。笔者于2016年春节在黎平雷洞牙双侗寨的采访中切实地感受到了其层层叠叠穿着的魅力。雷洞是一个苗、瑶、侗三个民族聚居的区域，牙双侗寨与金城瑶寨相隔不远，一个矗立在山坡顶端，一个位于山腰处，虽然紧邻，都有着层叠的穿着习俗，但是服装款式与层叠样式却各

第二章

图2-62　清代汉族女子长衫多重装饰袖

图2-63　现代贵州黎平县雷洞乡牙双村侗族女子盛装多层袖边饰

异。牙双侗寨女子节日盛装以及出嫁衣是我国侗族女子服饰中保存着多层穿着风格的为数不多的一个地区，其衣袖三层花带边饰，实际上是穿了三件外套将袖口依次翻卷而成。该村寨女性在过侗年、春节、出嫁的时候，上衣从内到外至少要穿上七层，裙装两片，前后各一片。试穿外套三层，衬衫两层，肚兜一层，内衣一层，总共七层，在没有其他的保暖功能材料如棉絮、羊毛或是古代常用的芦花等情况下，穿着在身上的七层盛装上衣外加下身两层褶裙，其保暖功能也足以抵得上一件羽绒服的效果。这种多层穿着在我国古代汉族服饰中早已存在，侗族先民们依据自身所处的环境也选择了这样一种穿着方式，并将其保留下来。随着材料的变化和历代汉族服饰元素的融入，侗族女子服饰在逐渐舍弃多层穿着的同时，运用边饰的手法来保存这种多层穿着的形式，形成了侗族特有的服装边饰造型，这不仅是对古代侗族历史文明的延续，也是对我国传统服饰的一种继承，更是侗族女子在传承民族服饰与文化过程中的一种贡献。

　　总之，从早期男女通用的衣与裳——贯头衣、绻、绔、裤开始，到侗族男女服饰开始分离，上衣下裳、裤、褶裙等穿着方式的变化，侗族服饰对古代传统十字型结构的保存，以及侗族女子盛装上衣的右衽、对襟、交衽等传统款式多样性的遗留，都集中反映了侗族服饰文化的多元和交融的特征。不论是侗族女子服饰的外套、衬衫、褶裙的款式结构和装饰材料，还是门襟、袖、衣摆、衩的多层边饰等，都保留了我国古代中原地区袍、衫、袄、氅等传统款式的结构元素和装饰风格，并在不断的发展中，逐渐将这些元素、风格融入侗族自身的服饰文化特色之中，不仅体现了我国侗族女子能够创作出自身独特的民族服饰，更体现出侗族女性对自然和生命的美好愿景以及她们充满智慧的工匠精神。

母性叙事：侗族女子嫁衣盛饰

第一节　簪、步摇、排钗、梳的造型语言

在人类服饰文明发展史上，簪、钗、笄、步摇以及插花等都是首饰中颇为重要的一部分，也是人生不同阶段的身份象征符号。尤其是婚嫁女子的头饰，常因其繁华、庄重而称为盛饰。如唐代的花钗，宋代的飞鸾走凤、花朵冠梳等，这些盛饰造型常常有着深厚的寓意。

簪，在古文字中同蠶。《说文解字》（卷十三）中释义，蠶，任丝也，从虫朁声。《荀子·赋篇》（卷二十六）记载："有物于此，儵儵兮其状，屡化如神，功被天下，为万世文。……五泰占之曰：此夫身女好，而头马首者与？"梁启雄释："凡美色或谓之好。女好，即女媄。此言：'蠶身似女媄，蠶头似马首'。"❶又载："有父母而无牝牡者与？冬伏而夏游，食桑而吐丝，前乱而后治，夏生而恶暑，喜湿而恶雨，蛹以为母，蛾以为父。'杨树达曰：互言之也。'三俯三起，事乃大已。夫是之谓蠶理。"从文中可知，古人认为蠶身形似女子一般美好，蠶头如马首，象征男性的阳刚，蠶本体无性别之分，但一旦化蛹成蛾，则以蛹为母，以蛾为父，阴阳共体，相伴相生。东晋干宝的《搜神记》对蠶马传说也有详尽记载，如《蠶马》（卷十四）中说道："太古之时，有大人远征，家无余人，唯有一女，并牡马一匹，女亲养之。穷居幽处，思念其父，乃戏马曰：'尔能为我迎得父还，吾将嫁汝。'马既承此言，乃绝缰而去。得父还，后马见女辄怒，父怪之，女具以答，父于是射杀马，曝皮于庭。父行，女至皮所，卷女以行。父还求索，得于大树枝间，女及马皮尽化为蚕，而绩于树上。"❷人们认为蚕是少女和马皮相融而成，少女象征阴，马皮象征阳，即牝牡相融而成。因此蚕有了性别之分，而与蚕相通的簪也因此有了母性之意。

《荀子补注》中曰："夫是之谓蠶理。今按：夫含生赋形，各有条理，蠶、针为物，条理尤深。莫精于蠶，莫密于针，所以二《赋》语已皆言其理者也。簪以为父，管以为母。释义：'古之簪，形若大针耳，针肖簪，故父之；管韬针，故母之'。"❸这里簪成为蠶的物化形态，物化形态的簪又成为父母的象征。《续夷坚志》中又记载"插簪生笋"的故事，"吉安城有魏夫人坛，在城南十里。夫人炼丹时，有村妇屡以茶献，夫人感其意，遂拔簪插于篱下，曰：'年年四月尽，当生笋，可供汝家之食饮。'次年，其地笋生，味甘而无根苗，乡人名曰'填补笋'，至今有之。"❹这里描绘出簪与土地相融合，成为形成生命的母体。

❶ 梁启雄.荀子简释[M].北京：中华书局，1983：359.
❷ 干宝，陶潜.新辑搜神记[M].李剑国，辑校.北京：中华书局，2007：339.
❸ 郝懿行.荀子补注[M].管谨切，点校.济南：齐鲁书社，2010：4634.
❹ 无名氏，元好问.续夷坚志[M].金心，点校.北京：中华书局，2006：134.

从不同文献及注疏中可知，簪不仅在外观造型上来源于蠶，蠶所囊括的阴阳相生之意也相应地融入簪之中。簪形似针，大于针，虽来自自然界中真实存在的小虫外形，却具有父与母同体共生的象征。不论是"簪针为父，簪管为母"，还是"插簪生笋"，簪都被赋予了简朴而博大的中国传统阴阳相生的哲学意义。在我国西南地区的侗族女子现代头饰中依然保留着簪、钗、髻、梳、冠等饰品。沈从文在《中国古代服饰研究》一书中认为现代西南少数民族头饰和《诗经》中的"六笄""六珈"有关。西南女子头上发间插着彩画木梳，可以追溯到周、汉，并受唐、宋时期的影响，与本民族的社会风俗相融合。据此，可以看出侗族簪、钗、髻、梳、冠等头饰与我国古代的中原头饰也有着密切的关系，具有同源不同样的特征。

在古代侗族女子婚姻制度中，母权的表现包括缔结的形式与婚嫁仪式的制度性，以及田亩财物等经济方面的物质性，即所谓的"娘家田"与"传承物"。盛饰是女子财富显现的一部分，是母权维系的一个外在表征。古代侗族女子嫁衣饰品特征为饰重、衣简、足跣。其中首饰是重要的组成部分，大都有来自母亲、外祖母遗传下来的饰品，即母系传承物，既是侗族女子一代代财富传承的见证，也是母系血脉延续的符号。

一、簪

（一）古代女子簪笄与簪冠

簪，包括簪笄与簪冠。古代的笄插戴在发冠、发髻中，起固定的作用，同时也有着文化意义上的象征性和延展性。笄在《说文解字》中释义为"簪"。《春秋公羊传译注·僖公九年》载："妇人许嫁，字而笄之。注曰：'字而笄之，是指女子成年礼。女子成年许嫁，行成年人之礼，并笄簪髮，以字称之。'《礼记·杂记下》又曰，女虽未许嫁，年二十而笄。"[1] 唐杜佑《通典》（卷第九十一）载："笄冠有成人之容，婚嫁有成人之事。"[2]《事物纪原》引《二仪实录》载："燧人始为髻，女娲之女以荆杖及竹为笄以贯发，至尧以铜为之，且横贯焉。舜杂以象牙、玳瑁，此钗之始也。"[3]《中华古今注》中亦记载："女子十五而笄，许嫁于人，以系他族，故曰髻。而吉榛木为笄，笄以约发也。居丧以桑木为笄，表变孝也。皆长尺有二寸。沿至夏后，以铜为笄，于两旁约发也，为之发笄。"[4]《北史·何稠传》中记载："稠参会今古，多所改创。魏、晋以来，皮弁有缨而无笄导。稠曰：'此古田猎服也。今服以入朝，宜变其制。'故弁施象牙簪导，自稠始也。"[5]

❶ 春秋公羊传译注[M].刘尚慈，译注.北京：中华书局，2010：216-217.

❷ 杜佑.通典（卷第九十一）[M].王文锦，等点校.北京：中华书局，1988：2490.

❸ 李芽.脂粉春秋：中国历代妆饰[M].北京：中国纺织出版社，2015：27.

❹ 马缟.中华古今注[M].吴企明，点校.北京：中华书局，2012：100.

❺ 李延寿.北史·何稠传（卷九十）[M].中华书局编辑部，点校.北京：中华书局，1974：2987.

综合文献来看，自夏商以来，古代女子成年之礼、婚约之时，或二十岁未嫁之际，都要插戴笄、簪，作为人生中特定阶段的标志，笄、簪也成为古代女子成人或婚嫁的象征符号。到了北朝时期，簪不仅作为男女成人之礼的象征符号，也开始成为官员入朝必须佩戴的饰物，成为男性身份地位的象征。在笄、簪的材料上，文献记载了从早期的木、竹到铜，从玉、象牙、骨再到玳瑁、金、银等，笄的样式与形制随着材料的变化而相应发生改变。

追溯古代南方百越民族插戴笄、簪历史可以发现，南方的笄、簪自唐代开始有了明确的记载。如唐代记载我国岭南地区百越民族风俗异事的《岭表录异》一书中有："辟尘犀为妇人簪梳，尘埃不着发也。"唐代苏鹗的《杜阳杂俎》中亦记载："刻镂水精、马脑、辟尘犀为龙凤花。""辟尘犀"是中国古代传说的海兽，其角可去尘。妇人以其角为簪梳，则灰尘不沾染发髻。因此，可以推测古代南方百越妇人戴"辟尘犀"簪。在现代侗族的服饰中，笄、簪依然是侗族女子的重要生活用品，其插戴方式、造型结构、纹饰的空间组合以及所包含的哲学思想与观念，与古代传统簪笄有着相近或相同的语言形态。

（二）现代侗族女子簪笄

簪笄由簪头与簪挺两部分组成，二者组合成一个完整的簪笄。现代侗族女子簪笄种类包括弯头簪笄与花头簪笄。

1.弯头簪笄

弯头簪笄是已婚妇女日常盘发时所插戴的银簪笄。簪挺一般呈扁平状，光滑似针锥形。如图3-1所示，榕江侗族女子簪笄的簪头是整个簪笄的装饰中心，呈宽扁状，顶端弯曲成钩。其表面镶嵌由九个五瓣花衬托的立体圆球形，像九朵太阳花，站立在簪头，三个一排，两排横向，一排纵向，后面衔接着一条带状波浪形流苏线，顶端连接一个三角形。弯钩形的簪头平面展开时，表面的五个花瓣和球形花蕊构成的太阳花与三角形边缘流苏线一起组合成一个有意义的图像符号。

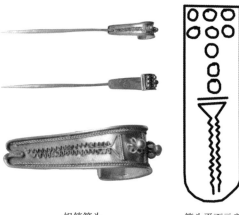

银笄簪头　　　　　　簪头平面示意　　　　　　　银簪笄的插戴

图3-1　榕江侗族已婚妇女日常盘发时所插戴的银簪笄

2.花头簪笄

花头簪笄包括单头花簪笄和月牙形花头簪笄。单头花簪笄，顾名思义即簪头以花为装饰，簪挺似针。侗族女子婚嫁中的花头簪笄种类非常丰富，簪挺主要由圆锥型和扁平型两种针形样式组成，其样式的丰富性主要在于簪头的装饰。有多层叶瓣组成的单头立体花簪，有连枝花头簪，有动物类如祥云龙纹组合的花头簪，有鸟、蝉、蝴蝶、玉珠等组合的花头簪，也有以弧形为支架，镶嵌蝴蝶、鸟、凤等纹样的花头簪（图3-2）。在《后汉书·舆服志》中载："汉制，皇太后、皇后簪，长一尺，装上玳瑁的小笽，一端饰华胜（花朵形饰物）凤凰雀，垂白珠，横插头上。"[1]侗族女子不同元素组合的花簪笄，与古代侗族传统簪笄的装饰风格非常相近。从文献中记载的凤凰雀、白珠、华胜等纹饰与材料看，现代侗族女子的花簪也吸收了古代汉族花簪笄的样式与装饰（图3-3）。

图3-2　侗族不同地区连枝花、单头花、祥云龙纹银簪笄　　　　图3-3　古代汉族女子花簪笄

侗族月牙形花头簪笄以银为材质，簪挺为圆锥形针状，簪头以两根弯曲成弧形的银条为横架，横架上镶嵌弧形状桁架，弧形桁架上镶嵌龙、蝴蝶、凤鸟。侗族月牙形花簪笄弧形桁架上用◆●即菱形头和圆形头交错排列，整个簪头如同装满了自然界的花鸟虫草的月牙。簪挺在月牙形簪头中间的桁架上焊接而成，支撑着簪头，也是花头簪与发髻的连接线（图3-4）。

图3-4　贵州榕江县侗族女子婚嫁月牙形花头簪笄

---

❶ 黄金贵.古代文化词义集类辨考[M].北京：商务印书馆，2016：460.

宋代浙江永嘉汉族女子银花簪笄与侗族月牙形花头簪笄造型非常接近。从装饰上看，宋代银花簪笄的装饰主要是在弯弧形桁架上，由若干独立的、盛开的牡丹花钿或菊花钿并排相连而成（图3-5）。

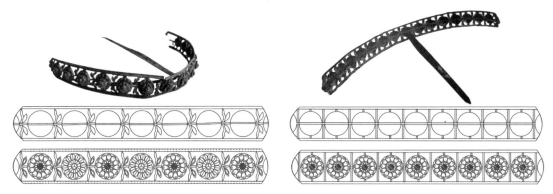

图3-5　宋代浙江永嘉汉族女子银花簪笄（图片摘自：扬之水《中国古代金银首饰》）

　　二者的装饰位置与手法比较接近，但装饰纹样有所不同。从结构上看，贵州侗族女子婚嫁花头簪笄与宋代浙江永嘉花钿式银簪笄都是由十几厘米长的两条弧形构成一个桁架，桁架构造基本相同。但宋代浙江花簪笄的簪挺形状扁平，簪头的装饰纹样以相同的、独立花头为装饰，而现代侗族女子花头簪笄的簪挺是针状圆锥造型，簪头纹样是动物、植物相结合的形式。

（三）现代侗族女子花钿式簪冠

　　侗族女子簪冠可称为花钿式簪冠，由花钿弧形冠与T形簪笄组合而成，是侗族女子出嫁时装饰在发髻顶端的一种饰品（图3-6）。

图3-6　侗族女子花钿式簪冠——花钿弧形冠与T形簪笄

从造型上来看，花钿式簪冠中的花钿弧形冠是由一根细银条弯曲、折叠、环绕成长方形半弧状，弧面中间添加两根横梁。外弧线上有规律地铺满银龙凤、银花朵，龙、凤、花朵间直立向上延伸出银弹簧，顶端装饰着五彩绒球，形成虚实相间的空间。花钿弧形冠一般是女子出嫁或节日之时插戴在发髻处的，因此常常与T形簪笄组合穿过花冠和发髻，起固定作用。

花钿式簪冠中的T形簪笄也极为讲究，从单体来看，与独立的步摇簪相近，由簪头、流苏与簪挺组合而成。簪头分成上、中、下三个部分，以盘龙和蝴蝶为基座，向上伸展双绒花；向下的流苏由悬垂着银链、玉珠、六瓣银花和几何化的鱼形组合而成，延展出三维立体的视觉效果；簪挺则以一根扁平、粗细均匀的银针为主体，由于需要通过冠左右两孔的穿插来固定发髻，因此簪挺光滑细直。簪头、流苏与簪挺组合而成的T形构成了三维空间立体维度的想象。

二、步摇

（一）古代步摇

步摇，在《释名·释首饰》中释义为"步摇，上有垂珠，步则摇动也"。在《中华古今注》中载："殷后服盘龙步摇，梳流苏，珠翠三服。……若侍，去梳苏，以其步步而摇，故曰'步摇'。"[1] 步摇最早是皇后与后妃们的装饰物，如《后汉书·志第三十·舆服下》中记录皇后夫人朝服为"假结，步摇，簪珥。步摇以黄金为山题，贯白珠为桂枝相缪。一爵九华，熊、虎、赤罴、天鹿、辟邪、南山丰大特六兽，《诗》所谓'副笄六珈'者。《毛诗传》曰：'副者，后夫人之首饰，编发为之。笄，衡笄也。珈，笄饰之最盛者，所以别尊卑。'"[2] 隋唐时期，步摇不仅是象征宫廷命妇身份的装饰物，也是女子婚嫁服饰品之一。《唐六典·尚书礼部》（卷四）中详细记载了不同品级命妇的朝服构成："凡外命妇之服，若花钗翟衣，外命妇受册、从蚕、朝会、婚嫁则服之。第一品，花钗九树，翟九等……凡婚嫁花钗礼衣，六品以下妻及女嫁则服之。……其次花钗礼衣，庶人女嫁则服之。"[3]

步摇的造型由簪头、簪挺、流苏三部分组成。簪头是步摇的装饰核心，由各种纹样装饰组合成一个整体，如上述文献中提及的"一爵九华"。也有以一种纹样形态为主，其他纹样为辅的，如盘龙步摇等。簪挺是步摇的功用部位，具有固定发髻的功能，有笄、钗两种样式。扬之水在《中国古代金银首饰》中提道："流苏即珠串间用以串联宝石的坠子，可单、可双、可以成排悬挂；或衔在凤嘴，或缀于钿口，可称流苏、挑牌、璎珞，也有称作'簪头缀'。"[4] 流苏

❶ 马缟.中华古今注[M].吴企明，点校.北京：中华书局，2012：100.

❷ 范晔.后汉书（卷十）[M].李贤，等注.北京：中华书局，1965：3676-3677.

❸ 李林甫，等.唐六典[M].陈仲夫，点校.北京：中华书局，1992：119.

❹ 扬之水.中国古代金银首饰（三）[M].北京：故宫出版社，2014：823.

是簪头的组成部分，因其动感特性成为步摇名称来源的一种说法。

流苏和簪头有两种组合方式，一种是与簪头纹样一起直立向上，由多个伸展开来的花草枝木组合而成，好像站立的树冠。一种是垂直向下，由不同造型的吊坠与链子组成悬垂的流苏。两种样式皆随着人的移动而随风摇摆，所以自古以来人们都称其为步摇。直立式步摇的一些样式可以在隋唐时期仕女的主要盛饰中看到。如图3-7所示，唐代《女史箴图》人物画中贵妇发髻上的一枝花步摇花簪，花枝做簪挺，花瓣做簪头，花蕊做直立向上的流苏，顶端弯曲，镶嵌花鸟，插戴在发髻之上，走动时，每一根夸张化伸出的花蕊都会随着人体的走动而产生晃动感。

从出土的文物中也能够找到古代直立式形态步摇，如图3-8所示，甘肃凉州红花村出土的步摇花簪造型也是如此：一朵盛开的四瓣金花，花枝做簪挺，四片金花瓣向下弯曲，夸张、直立向上的花蕊做流苏，中间一个花蕊的上端有一只凤鸟口衔圆金片，其余六个花蕊呈弯曲状围绕四周，其中两个花蕊展开，另外四个则含苞待放。每一个独立的花蕊小巧而轻盈，站立在花心之中，虽没有悬垂流苏的摇摆，但也随着人体的动态而矜持、轻微地摇曳。

垂珠式步摇样式在我国古代也有着图示与文献记载，如图3-9所示，唐代《簪花仕女图》中仕女前发髻之上的流苏呈悬垂式样，与直立式步摇完全不同。宋代《东京梦华录》中记载："公主出降，又有宫嫔数十，皆真珠钗插，吊朵，玲珑簇罗头面，红罗销金袍帔。"❶这里"吊朵"则是对悬垂式流苏的记录。

图3-7 《女史箴图》中的直立式步摇花簪

图3-8 甘肃凉州红花村出土的直立式步摇花簪

图3-9 《簪花仕女图》中的垂珠式流苏步摇

---

❶ 孟元老.东京梦华录注[M].邓之诚，校注.北京：中华书局，1982：123.

（二）侗族步摇

1.步摇冠

　　侗族女子步摇，包括步摇冠与步摇簪钗。步摇冠，由半月形冠头和冠钗组成。半月形冠头的顶端常用龙凤纹，双龙盘绕戏珠与众多银花组成冠面，三凤分别等距离地站立在半月形冠面之上，昂扬的凤头上装饰着五颜六色的绒线球，银片制成长长的尾羽弯曲上翘，形成了冠面上的立体空间。在半月形冠头的外弧线上向外伸出一个个三瓣花，花瓣上悬挂着银链流苏和银叶片，如同门帘一样排列，形成一个半封闭的下部空间（图3-10）。

图3-10　贵州榕江县侗族女子半月形步摇冠

　　冠钗则安放在半月形冠头中央，与外弧边缘的流苏相呼应，垂直向下。从形制上来看，这类冠钗一般与头顶盘髻相结合，正面插戴在顶端发髻之上，冠顶立体的凤纹直立头顶，与冠沿流苏形成一静一动的态势。如图3-11所示，榕江部分地区侗族女子出嫁之时所插戴的花钿步摇冠处于头顶的最高位置，凤头与流苏在前，冠钗直接插戴在发髻顶端，发髻后部插戴木梳支撑发髻，以梳为支架，发髻后部底端插戴了一排步摇簪，在后脑部位也形成一个流苏扇面，与顶端步摇冠上的流苏扇面形成一上一下的垂帘，遥相呼应，既有动感亦有立体空间的节奏美感。

图3-11　贵州榕江县侗族女子出嫁插戴半月形步摇冠

2.步摇簪钗

侗族女子步摇簪钗样式丰富，不同区域各有不同。依据步摇簪头的装饰分为三种：半弧形步摇簪钗、树形步摇簪钗与扇形花钿步摇簪钗。

半弧形步摇簪钗的簪头装饰工艺上有平面雕刻、镂空花钿工艺，也有立体双凤组合浮雕工艺。流苏由蝴蝶、银叶、鱼以及银锥体等组成（图3-12）。整体上看，半弧形步摇簪钗簪头上的龙凤花朵装饰与流苏一上一下呼应，走动时，流苏之间相互摇晃碰撞，银片之间产生清脆的声音，成为侗族女子服饰中的特色之一。

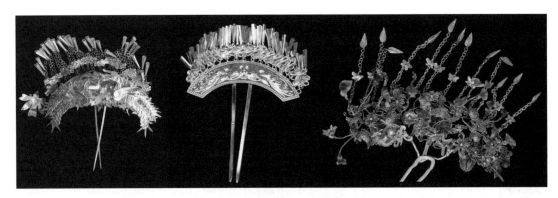

图3-12　半弧形步摇簪钗

树形步摇簪钗的簪头由层叠的花朵形成立体效果，每层花朵又悬挂着流苏装饰，形成层叠交错之感（图3-13）。

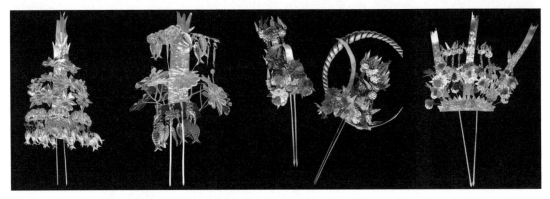

图3-13　树形步摇簪钗

扇形花钿步摇簪钗簪头的特点是有众多独立花头，分成不同层次有秩序地排列，形成多层多个花头的组合样式（图3-14）。

图3-14　扇形花钿步摇簪钗

从上述文献记载来看，不同历史朝代的笄簪的样式、插戴方式都随着社会的发展而越来越丰富多样。在现代侗族服饰中依稀能够看到它们的踪迹。从一支笄的插戴，到笄、簪与冠的搭配，再到簪与步摇，簪钗、簪笄的排插方式等，体现了古代侗族人的盛饰繁华景象。

三、排钗

侗族女子排钗与古代商周时期女子穿戴的"副笄六珈"非常相近，可以看作"副笄六珈"插戴风格的遗存。

（一）古代副笄六珈特征

"副笄六珈"是对我国商周时期女子穿戴样式的描写，也是女子身份高贵的象征符号。《礼记》中认为副笄六珈与汉代的步摇相同。《诗经·国风·鄘风》中提道："君子偕老，副笄六珈。委委佗佗，如山如河。象服是宜。子之不淑，云如之何！释名：'副，覆也，以覆首也。'礼记注：'今之步摇是也。'郑笺：'珈之言加也。副，既笄而加饰，如今步摇上饰，古之制所有，未闻。'"❶自此，副笄六珈成为女子最繁华尊贵的盛饰装扮，由假发编髻、簪笄组成。副，掺杂假发编制而成的髻；笄，簪也；珈，加也，古代一种玉饰，是簪首上华丽的装饰；六珈，指插戴簪笄装饰的数量越多越显得尊贵，一般侯伯夫人插戴簪笄数量称为"六珈"。如图3-15～图3-17所示，从甘肃敦煌的石窟、河南以及安徽等墓室壁画图像中均能够看到古代女子副笄六珈的组合插戴方式。

图3-15 甘肃敦煌莫高窟第61窟壁画中的魏晋时期女供养人的簪笄、钗与梳

图3-16 河南新密市打虎亭东汉墓壁画中的副笄六珈

图3-17 安徽马鞍山市三国东吴朱然墓的彩绘武帝相夫人的排钗

（二）侗族女子排钗中副笄六珈特征

古代侗族女子排钗与副笄六珈相近。周去非在《岭外代答·风土门》"送老"条目中描绘出

---

❶ 聂石樵，等.诗经新注[M].雒三桂，李山，注释.济南：齐鲁书社，2009：96.

嫁之女的场景："岭南嫁女之夕，新人盛饰庙坐，女伴亦盛饰夹辅之，迭相歌和……名曰送老。"❶
这里提及侗族女子出嫁时的装扮样式，虽没有明确地描述是哪一些饰品种类，但依据陆游在
《入蜀记》中的记载："未嫁者，率为同心髻，高二尺，插银钗至六只……"，可以推测笄、簪钗、
步摇等应该已经成为当时西南女子出嫁时的盛饰，这里的"插银钗至六只"与副笄六珈应该有
一定的相似之处。明代沈瓒的《五溪蛮图志·别妇女》中又提及出嫁女子的盛饰装扮为"头上排
钗裙下低"；"衣服斓斒"条目中记载已婚女子日常服饰："其妇女皆插排钗，状如纱帽展翅。富
者以银为之，贫者以木为之。又以青白珠为串，结悬于颈上。"❷《嫁娶篇》中又记载出嫁女子装
扮的诗句："于归女伴笑相陪，头上银钗两面排。送别中途轻传语，阿郎肩并脚同鞋。"❸诗中提
到出嫁女子盛饰中的银钗两边并排插戴。已婚女子的"排钗"与嫁女的"银钗两面排"应为同
一种盛饰的不同表述，"状如纱帽展翅"是一种动态的描述，这里的银钗在女子头上富有动态感。
据此可以推测古代侗族女子婚嫁盛饰中的"排钗"与宫廷女子的副笄六珈有一定的相近之处。

在现代侗族服饰田野调查中发现，我国广西、湖南、贵州等地侗族女子婚嫁盛饰中遗存着
古代侗族族群的"银钗两面排""插排钗""状如纱帽展翅"等装扮，同时这些盛饰装扮与古代
北方以及中原地区贵族女子副笄六珈盛饰的插戴样式非常相近。如图3-18所示，贵州榕江晚
寨女子出嫁一般长发盘髻，除用梳固定头顶处之外，在头部发髻两侧插戴步摇钗，整个发髻与
步摇钗上的银链鱼吊坠和向上的凤鸟银羽尾组合伸展出来，构成了古文献中所记载的"如纱帽
展翅"的样式。这种两侧插戴的步摇钗样式，与图3-15中的敦煌莫高窟第61窟魏晋时期女供
养人的簪钗外观造型和插戴方式也非常接近。步摇簪钗的结构由凤鸟、花、银链、鱼等簪头与
钗组成，凤鸟立在钗头簪花之上，凤尾处长长的条形银片呈剪刀形状，凤尾向外伸展并弯曲上
翘，凤鸟颈部向上生长出银花，彩色丝绒线做花蕊，直立昂首向上，与汉代皇后"一爵九华"
的簪钗不相上下。

图3-18　贵州榕江县晚寨村侗族女子两侧步摇钗

❶ 周去非.岭外代答校注[M].杨武泉，校注.北京：中华书局，1999：158.

❷ 沈瓒.五溪蛮图志[M].伍新福，校点.长沙：岳麓书社，2012：43，65.

❸ 同❷46.

同样，古代侗族女子"插排钗""状如纱帽展翅"在现代贵州侗族地区也有遗存。如图3-19所示，榕江乐里地区侗族女子盛装头饰由五个长流苏步摇簪笄、两个扇形步摇簪笄、三个步摇簪钗和一个花钿式簪冠共同组成。插戴时，先在头顶梳髻，用木梳固定发髻根部，将花钿式弧形冠固定在发髻顶端，发髻两侧各插戴一支扇形步摇簪笄，前额发髻处依次排插三只步摇簪钗，在脑后发髻上插戴五只步摇簪笄，形成步摇围绕头部一周的插戴样式，流苏像帷幕一样围绕在头部周围，与古代副笄六珈的插戴方式非常相似。

图3-19　贵州榕江县乐里镇侗族女子排钗

　　步摇簪笄、簪钗和花钿式簪冠各有特色。步摇簪笄的长流苏成为其独特的符号，分为四个节段，长度超过簪挺，每一个节段由一种动物或花纹作为连接点，在这些连接点的支撑下，流苏悬垂性更好（图3-20）。

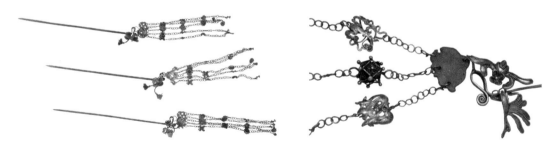

图3-20　贵州榕江县乐里镇侗族女子步摇簪笄与簪头

　　步摇簪钗则强调簪头的装饰，各类植物、动物都集合在簪头中，加上工匠精湛的制作工艺，使得步摇簪钗显得富丽堂皇（图3-21）。扇形簪笄则强调其多元组合的风格，囊括了自然界中的各类动植物形态，其流苏呈直立的扇形，由具有弹簧性能的银圈构成（图3-22）。

　　贵州北侗地区侗族女子未婚和出嫁时的头饰基本相同，由多种类型的步摇簪共同排插组合而成。如图3-23所示，报京侗族出嫁女子和未婚少女一般在头顶束发髻，头部一周缠绕数十圈侗布头巾，头顶发髻两侧各插戴扇形步摇簪，发髻后方插戴半月形步摇簪，半月形步摇簪的银链流苏沿着头巾悬垂而下至后颈处，发髻的正前方插戴树形步摇簪，和发髻一样直立向上，并在四周插戴花头簪数个。整个头部形成了以头顶发髻为核心，插戴各类步摇簪类似太阳形的样式。同时，出嫁女子还会在头顶上插戴一朵红花，未婚少女则较随意，有时候会插戴粉红色花，有时候也会省略不戴。这类排钗插戴方式也可以看作古代副笄六珈的另一种样式。

图3-21 贵州榕江县乐里镇侗族女子步摇簪钗　　　图3-22 贵州榕江县乐里镇侗族女子扇形簪笄

报京村侗族出嫁女子的副笄六珈　　　　　　报京村侗族未婚少女的副笄六珈

图3-23 贵州北侗地区侗族女子盛装时插戴的副笄六珈样式

我国湖南通道与广西三江侗族女子节日或出嫁时的副笄六珈则又是一种新的样式，由五支步摇簪和一把身短齿长的银梳组合而成。如图3-24所示，广西三江侗族女子步摇簪钗平时放置时，常将五支树形步摇簪钗穿插、绑缚在一把银梳上，呈半圆形或扇形状。

插戴时，要先在脑后扎髻，将银梳从发髻根部由下往上插戴，支撑着发髻底部。扁平的簪挺从脑后发髻的根部插戴，用发夹或红绸布条或红头绳将五支发簪围绕银梳背脊缠绕固定在发髻上，从正面与后面看都呈现出一个圆形状，背面以发髻为核心，正面以整个女性头部与脸庞为核心，将整个头部与头饰融为一体（图3-25）。簪上各类动植物，集聚在一起，色彩斑斓、声音清脆，这也可以看作是古代宫廷"一爵九华"簪钗样式的遗存。

图3-24　广西三江县侗族女子的副笄六珈

正面　　　　　　　　　　　　　　　　　　　　背面

图3-25　广西三江县侗族出嫁女子插戴的副笄六珈造型

　　除了以上四种不同地区侗族女子婚嫁盛饰的插戴方式，在贵州的从江、黎平、榕江等一些侗族村落，女子在婚嫁、节日时的发髻与盛饰以高耸向上为特色。如图3-26所示，贵州黄岗侗族女子高髻中加入黑色毛线或者其他黑色线材，与真发一起绾成高髻，在高髻顶端插戴一支树形步摇簪钗，使得整个头部更加地高耸。如图3-27所示，龙额地区侗族女子树形簪头直立向上的银片上镶嵌口衔银铃铛的凤鸟；两侧各有一支弹簧制成的花枝向上直立，上面盛开着花朵；簪头底部也是花团锦簇；蝴蝶与鱼组合成的银链悬挂在花瓣上，形成一排排流苏。发髻的左侧插戴一支步摇簪，右侧插戴一把银梳装饰并固定高髻底部。整个头部的盛饰装扮既有着副笄六珈的风格，也有着古代"一爵九华"步摇簪的装饰特征。

图3-26　贵州黎平县黄岗村高髻
上的树形步摇簪钗

图3-27　贵州从江县龙额村高髻上的树形步摇簪钗

　　从以上五种侗族女子现代婚嫁盛饰簪笄中可以看出，我国侗族女子出嫁的盛饰与中原地区的女子盛饰有着密不可分的联系，不仅遗存着我国历史上不同时期的女子副笄六珈等古老盛饰装扮，而且也继承了南方百越民族女子的排钗、插银钗至六只、簪梳等造型和穿戴方式，形成了侗族本民族的女性服饰文化特色。

（三）副笄六珈对周边文化的影响

　　我国古代副笄六珈盛饰的插戴风格对周边国家的服饰文化有着深远的影响，尤其是日本、朝鲜以及东南亚等地区。日本江户时代的浮世绘中保留了大量的女子盛饰装扮，在喜多川歌麿笔下的美人形象中，发髻、簪钗、梳等饰品装扮与我国古代的副笄六珈等装饰较为接近。女子发髻以向后的盘髻为主，在髻的前端底部插戴木梳固定，在前额头发上插戴簪钗，左右各平均插戴，形成了发髻在后，簪钗梳在前的样式。在我国贵州的一些侗族地区也能够找到相类似的插戴样式，但在簪钗造型、材料方面有着一定的区别。在清代黄遵宪编著的《日本国志》中记载："妇也，横亘以栉，多用玳瑁。钗，珊瑚簪，宫装皆披发垂肩及背，以彩缕约之而已，故无首饰。民间盘髻亦不插花，玳瑁栉而外仅一小珊瑚粒，以金若银为枝，斜插髻旁，珊瑚圆而红者为贵，价有数十金者。旧亦有钗，或金或银，饰以碎珠，交加互插，高殆尺许，鬟云髻山，凡十二枝，后惟妓家用之。"[1] 可见在古代日本，民间女子与宫女则插戴饰品较少，主要是贵族及后来的妓女插戴，栉与钗是她们插戴的主要饰品，有的时候插戴十二支之多，相互交错插接（图3-28）。

---

❶ 黄遵宪.日本国志（下）[M].北京：中华书局，2005：850.

图3-28　日本江户时代喜多川歌麿笔下的美人发髻、簪钗、梳等饰品

综合以上，从实用的角度来看，簪笄、簪钗、步摇有着固发和装饰的功能。簪笄、钗等用来绾住头发或固发、固冠之用的一种首饰，男女通用。随着时代的发展，服饰变迁，男女首饰也有了变化，簪笄、钗逐渐成为女子的专属。步摇囊括了簪笄、钗的不同结构，从而形成了步摇冠、步摇簪笄、步摇簪钗、步摇花等种类，是女子头饰中一种繁华的装饰。

从文化意义上来看，早期簪笄、钗及步摇各自有着不同的象征意义。古代簪笄既是男性不同社会阶层、地位的象征，也是女性在人生成长历程中身份的一种象征。簪钗则是女性的指代，如在《元本琵琶记校注》一书中有："锦遮围，花烂漫，玉玲珑。繁弦脆管，欢声鼎沸画堂中。簇拥金钗十二。""若论这饥荒死丧，怎教我女裙钗，当得这狼狈？"❶这里的金钗十二象征歌妓，女裙钗则象征着香柳娘，二者都是女子身份的象征。在现代文学、电影作品中也是如此，如《金陵十三钗》以十三钗象征女子的身份。步摇是簪钗的一种发展样式，也是盛饰中不可或缺的一种饰品，也象征女子身份地位的显贵，女子的婀娜多姿常常在步摇的语言中得到阐释。

无论是早期的簪笄，还是由笄到钗的变化，或是华丽的步摇簪钗、步摇簪冠，它们都是历史发展和文化传播的物化符号。综合中国古代的文献古籍、人物画、日本浮世绘的女子人物像以及当代侗族女子的头饰装饰品等，它们都有着相似之处，保留着中国古代女子盛饰的样式与风格。因此，头饰是历史变迁、文化交融的见证者，也是古老历史与文明的活化石。

四、梳

"梳"在《释名·释首饰》中释义："梳，言其齿疏也。"即梳与篦相比，梳齿更稀疏一些。古时梳的使用与其材质、使用者头发的状态有一定联系，在《礼记·玉藻》中载："日五盥，

---

❶　高明.元本琵琶记校注[M].钱南扬，校注.北京：中华书局，2009：112，144.

沐稷而靧粱，栉用樿栉，发晞用象栉。"沐，为沐发；晞，干燥之意；樿为白理木，即栉梳由象牙、白理木等材料制作而成。沐发时用白理木梳，除去污垢；头发干燥时用象牙梳，有润滑之用。

在宋代西南地区，已经出现梳为饰品，且以象牙为材质。至明清时期，相应的文献与图示记载逐渐增多，如沈庠《贵州图经新志》中记载日常侗族女子"头髻加木梳于后"，这里提及梳为木质，在发髻后方插戴的方式。清代《百苗图》中载阳洞罗汉苗"妇人发鬓散绾，插木梳于额"，《皇清职贡图》中载罗汉苗女子"妇人散发绾，插木梳，数日必以水沃之"等，从中可知，明清时期木梳是侗族女子发饰之一。在插戴方式上，明清时期侗族女子继承了隋唐至宋时期女子梳栉"插梳于额"和"插梳于后"两种样式。然而，自明清时期开始，宫廷文化中的插梳习俗也开始逐渐走向了没落，而西南少数民族地区的插梳习俗一直延续至今。

不论是日常还是不同节日，梳不离头都是侗族女子穿戴中的重要习俗。侗族女子梳的结构有两种类型，一种是独立的木质梳和银质梳，另一种是木、银组合的银套梳。从造型上看，现代侗族梳的样式主要是半月形样式，按照装饰特征又可分为立体、半立体和平面三类。

黄岗村女子发髻与梳

小黄村女子发髻与梳

（一）立体半月形梳

立体半月形梳，一般与高髻发式组合，其造型、大小与高髻的形态有关。如图3-29所示，黄岗侗寨、小黄侗寨、三龙侗寨女子的发髻以高为尚，发髻的根部用绳结绑缚，再通过盘绕打结，稳固发式。而梳也是插戴在高髻的底座，用来支撑发髻底部并固定发梢不散落。与高髻发式相搭配的梳一般长约12cm、宽约6cm，约手掌般大小。

立体半月形梳是由半弧形银背套和木梳组合而成，银背套镶套在木梳弧形梳背之上，仅露出木齿。银背套装饰是梳的亮点。民国时期

三龙村女子发髻与梳

图3-29 立体半月形梳与高髻组合插戴样式

贵州地区侗族银梳背上镶嵌一排站立的人形纹（图3-30），反面是两排立体乳钉纹，两端各有一朵太阳花，中间则是侗族特有的龙纹图形（图3-31）。银梳背上雕刻着三排向外突出的圆丘形状，形成立体装饰效果。

现代侗族女子银梳的结构与民国时相近，银梳背上装饰一排立体人形，两侧各悬挂一条银链，银链末端悬挂一个簪针，用来插连在高髻上。银梳背上用两只凤鸟和一只蝴蝶组合装饰（图3-32）。

立体半月形梳在广西三江侗族地区也有着不一样的造型。三江同乐等苗、侗女子的银梳背正侧面各镶嵌9个圆锥体，每一个圆锥体底座直径约为1.2cm、高约2cm，在圆锥体上有规律的一环环地錾刻着内凹的圆点（图3-33）。当插戴于发髻底端时，银背套上的圆锥体向外、向上延伸，使得银梳在两个方向上各自有了一定的空间延展度。同时，银背套两端雕刻的蝴蝶纹样与立体的锥形装饰也形成了平面与立体之间的映衬。

此外，银梳的立体化装饰除了抽象的人形、圆锥体外，有些侗族地区喜好用自然界花鸟的具象形构成立体造型。

图3-30　银梳背上的立体人形纹

图3-31　银梳背上的圆形乳钉纹、鸟纹与龙纹

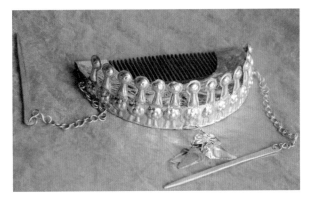

图3-32　现代侗族女子银梳

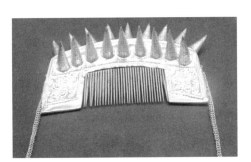

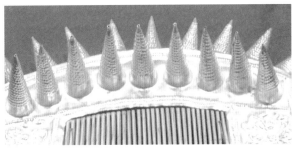

图3-33　三江县同乐镇苗、侗族女子银梳

如图3-34所示，以三只凤鸟和连枝花为特色，银梳背正面、中央分别镶嵌三只银凤凰，每一只银凤凰均口衔一个银流苏，长长的银片作为凤凰的尾部向上高耸弯曲。银梳背正面布满了连枝银花和银蝴蝶，构成一幅繁花似锦的景象。

（二）半立体半月形梳

半立体梳与立体梳在结构上相同，所不同的是银梳背的装饰形态与流苏的样式。半立体顾名思义，就是介于平面与立体之间，具有浅浮雕的特征，常与高髻相结合。银梳背镶嵌一排圆锥体或一排排小圆丘，形成表面凹凸的肌理效果。半立体银梳上的流苏也是侗族女子头饰中的一个亮点。银梳背上常常悬挂着11或13条流苏，每条流苏由银链、五瓣花和菱形鱼组成，一条银链下悬挂镂空的五瓣花，花瓣上又悬挂着2～4条鱼形银片（图3-35）。

半立体银梳背的流苏中也有悬挂着多个蝴蝶纹的样式。流苏尾部的蝴蝶纹和圆锥体相互碰撞会形成悦耳的声响（图3-36）。这类银梳一般插戴在发髻的侧边，流苏悬垂在耳侧，与立体式银梳直立向上的装饰形成相反的空间延伸感。

综上所述，立体式和半立体式银梳大都是女子重要场合的插戴。虽然各个银梳的立体装饰纹样和形态不同，但从整体上看，银梳在实用的基础上突出其装饰性、工艺性和繁复性，以显示女子的身份地位。

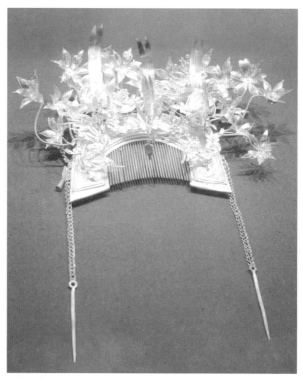

图3-34 凤鸟连枝花立体式银梳

图3-35 半立体银梳背的流苏纹样组成

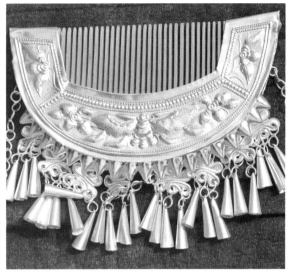

图3-36　半立体银梳背上的蝴蝶纹、圆锥体流苏

（三）平面半月形梳

平面半月形梳是侗族梳的早期样式，随着历史和文化的变迁，梳的材质与造型也随之不断地发生变化。总体上，平面半月形梳主要包括木梳、银梳和塑料梳三种材料类型。

1.木梳

侗族地区的木梳一般在日常生活中插戴，常与圆丘髻、歪髻结合，也有少部分地区依然沿用木梳作为婚嫁头饰。如图3-37所示，贵州榕江乐里侗族女子出嫁梳造型宽大，宽约20cm、高为7～8cm，呈现半月形，梳齿与梳背是由整个木块雕刻而成，梳背上雕刻着对称的连枝花纹、三角形纹等。相对于出嫁女子的木梳，日常生活中女子所插戴的木梳，其造型和大小与此相近，所不同的是梳背上没有雕刻任何纹样（图3-38）。

图3-37　贵州榕江县乐里镇侗族女子出嫁插戴的半月形木梳

图3-38　贵州榕江县乐里镇侗族女子日常插戴的半月形木梳

2.银梳

平面半月形银梳有银木梳和纯银梳两种。银木梳的结构是在木梳的梳背上镶嵌一个银背套。如图3-39①②所示，日常插戴的银木梳梳齿一般为8~13个，梳身宽度为5~6cm，从背脊到梳齿齿尖的长度为7~8cm，梳齿中间短、两侧长，内凹成弧形，一般于日常劳作时插戴在发髻根部。银木梳的背脊中央有一个银环，银环上悬挂一条粗银链，银链一端有一个银簪，如图3-39③所示。节日插戴的银木梳常常为21齿，梳背中间的圆环上悬挂一条粗银链，链子一端悬挂银簪，便于插在发髻上。

纯银梳的梳背与梳齿是纯银质地，梳背上雕刻着抽象的龙纹作为装饰。如图3-40所示，广西三江侗族女子龙纹纯银梳造型上像一轮新月，两端尖锐，中间段被分割成21个梳齿，与前面几种类型梳子的两端造型有一定的区别。这类造型的银梳也是相邻村落苗族女子插戴的装饰品。

3.塑料梳

塑料梳是现代侗族女子日常生活中最常见的一种。平面塑料梳造型既有半月形也有

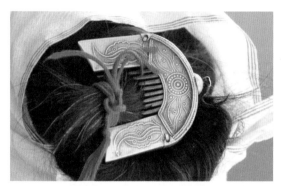

①8齿

②13齿　　　　③21齿

图3-39　广西三江县侗族女子日常与节日插戴的平面半月形银木梳

图3-40　广西三江侗族女子龙纹纯银梳

几何方形，其形态轻盈简洁，方便实用，适合人们梳理和固定缠绕发髻，日常劳作亦不会造成负担，因此深受侗族女子的欢迎。塑料材质的梳在长度上可以占很大优势，如图3-41所示，女子们可以将长发以梳为骨架盘绕成8字形的髻，也可以将长发绕头部一圈，发梢用梳固定在发根处，非常方便自由，脱离了女子出嫁时插梳、梳髻的仪式感和复杂性。

图3-41　平面塑料梳插戴样式

综上所述，现代侗族女子出嫁梳在造型上强调立体性和手工性，材料上以银、木材质为特色，丰富的装饰是节日和出嫁时梳子的主要特征，有流苏配饰、立体雕塑、平面雕刻以及银包木等方式。

第二节　项圈、胸牌与背饰构成

一、项圈

繁杂的装饰佩戴大体上是人们希望通过外在的、物化的符号来凸显内心世界的情感诉求。侗族女子出嫁时所佩戴的饰品，从数量到类别强调以多为美，以多为尚，以多为礼。头部是人体的视觉中心地带，颈是头与身体的连接部位，也是沟通服装与头饰之间的桥梁，有着承上启下的作用。侗族服饰上装无领结构较多，颈部装饰成为侗族女性服饰装扮中所关注的核心，其装饰品以项圈为特色。

（一）一环项圈

侗族女子项圈可分一环、三环、五环及以上不同环数。出嫁女子所戴项圈有一定的讲究，一般以奇数为主，不同区域项圈环数有所区别，有的地区以一环、三环为主，有的则是在三环以上，最多可达十几环。

一环项圈在侗族女子嫁衣中比较常见。从造型上看，有圆形珠串结构、麻花状结构，还有光滑的圆形结构以及扁平结构等。圆形一环项圈由两个粗细相等、中间粗两头细的圆形银条相互扭结而成。银条一端呈钩状，另一端呈孔状，二者在后颈处钩住（图3-42）。方形一环项圈则是由方形银条相互交缠扭结组合而成的棱角分明的项圈（图3-43）。扁平形一环项圈是由两块扁平铜片和一根银链组合而成，两块铜片之间用"合页"连接（图3-44），平时不佩戴的时候可以折叠放置，减少占用空间，佩戴时展开能够将领口与胸部覆盖住。

从材料上看，有用银环与玉环串联起来组合而成的一环式项圈，主要为贵州、广西等侗族地区女子佩戴。如图3-45所示，贵州榕江乐里地区女子出嫁时所佩戴的银、玉结合的一环结构项圈，在直径约为2cm粗细的圆环上，用小银环与玉环间隔相互串成一个整圆环。每一个小银环由11个左右的镂空立体银花组合而成，银环与玉环的直径大约为4cm，可以自由地在银项圈上晃动，走动时小银环与玉环、宝石环相互之间摩擦出清脆的声响。

图3-42　圆形银条缠绕项圈

图3-43　方形银条缠绕项圈

图3-44　广西龙胜县侗瑶族女子佩戴的
扁平形铜片项圈

图3-45　贵州榕江县乐里镇侗族女子佩戴的银、玉组合的
一环式项圈

（二）三环项圈

三环项圈是侗族女子出嫁或节日时所佩戴的饰品。从造型上看，不同区域也有着不同的样式，有绞状缠绕式三环项圈，也有扁平式三环项圈，不论哪一种，三个环形都是由外向内大小渐变地套叠起来。

绞状三环项圈造型上相互扭曲缠绕，其立体感和重量感强烈，圈口处也以立体交叉形成特有的螺旋形项圈头（图3-46）。这类项圈一般是贵州黎平县的三龙、肇兴，从江县的高增、银潭、占里等地侗族女子出嫁时所佩戴的饰品。

整体　　　　　　　　　　　　　　　　　局部——螺旋形项圈头

图3-46　贵州黎平县双江乡侗族女子佩戴的绞状三环项圈

扁平式三环项圈的银环面上刻画着花卉与龙凤纹样，环扣处则以钩扣与活结连接，可以根据颈部的大小进行调节。项圈的扁平面积一般是覆盖到胸部以上部分，主要流行于贵州黎平洪州、湖南通道、广西三江等侗族地区。这三个地区的扁平式三环项圈外观大体相同，在体积与纹饰上有一定的区别，如图3-47所示，贵州黎平洪州项圈的每一环都是独立的单体，面积稍小，正面雕刻花纹作为装饰。

湖南通道地区的扁平式三环项圈分量感偏重，面积上相对于贵州洪州地区的要宽阔一些，三环在端口处连接成整体。如图3-48所示，最里面的一环中间为斧头状几何形，与贵州洪州均匀的三圆环相比，打破了整圆的视觉感。女子穿着盛装时，颈部不仅戴上扁平式三环项圈，还会配搭一些单个绞状项圈、银玉交错的项圈，整个颈部所戴项圈的个数达到5个以上。

广西三江地区的扁平式三环项圈在结构上与贵州洪州的大体相同，如图3-49所示，都是独立的三个环，大小依次递进，纹样装饰以动植物纹结合为主，所不同的是广西三江侗族女子出嫁的项圈在第二个环的两侧分别扣挂斧形和三角形银片作为装饰。

除了一环与三环项圈，还有一些侗族地区婚嫁的女子项圈个数达到十三环以上，从下颚到颈部处都被项圈所包围。如图3-50所示，贵州从江顶洞地区女子项圈共有十三环，从下颚

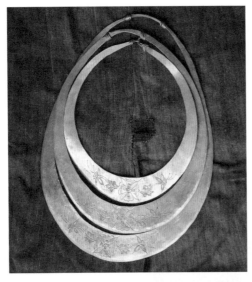

图3-47　贵州黎平县洪州镇侗族女子佩戴的扁平式三环项圈

图3-48　湖南通道县侗族女子佩戴的扁平式三环项圈

图3-49　广西柳州市三江县侗族女子扁平式
三环项圈

图3-50　贵州从江县西山镇顶洞村侗族
女子出嫁佩戴的十三环项圈

到颈根处是由5～7个小的绞状项圈组合成一个整体，从颈根处到肩胸处则由6～8个颈环组合成一个整体。从视觉效果上看，颈部被拉长，与头部高耸向上的簪钗和悬垂而下的步摇遥相呼应。

综上所述，不同区域的侗族女子佩戴项圈的个数、面积和重量各不相同。贵州地区突出银的重量感和环数，重量越重、环数越多就越富贵，一般以单数为吉祥数字，如以1、3、5、7等奇数递增的方式，多的可达17环，每一环面积从小到大依次递增。湖南、广西以及贵州一部分侗族地区喜用面积大的扁平式项圈，面积越大越显得尊贵。整体来看，项圈的重量与面积能够在视觉上直观地展示家境、财富，凸显女子出嫁时家族的身份地位。

图3-51　贵州黎平县双江乡占里村侗族女子双锁芯胸牌

二、胸牌

胸牌，也称长命锁，在侗语中有读begl（夹），也有读begley sot（锁夹）。侗族长命锁是一种护身符，与汉代的长命锁有着同样的功能，有祈祷福寿的作用，主要为儿童和出嫁女儿佩戴。在婴儿佩戴中称作长命锁，在出嫁女子佩戴中可称为胸牌。长命锁对于儿童来说可锁住生命，保障儿童健康成长；对于出嫁的女子来说胸牌则象征财富与地位，保佑女子未来生活富贵、多子多福。

胸牌由锁链、锁芯与流苏三部分组成。锁芯是胸牌的核心和灵魂，结构一般呈半月形，可分为单锁芯和双锁芯。大部分侗族胸牌由一个锁芯构成，即单锁芯胸牌；有些地区是由一大一小两个锁芯构成双锁芯胸牌，如黎平县双江乡占里侗寨少女在节日或出嫁的时候都会悬挂着一串双锁芯胸牌（图3-51）。

胸牌上的流苏由银链和各类银质感的动植物串连而成，有鱼、牛头、花叶、铃铛、蝴蝶以及宝石等。流苏是胸牌中最有生命力的一部分，每一条流苏都会随着人体运动相互碰撞形成清脆而有活力的声音，象征着吉祥喜庆（图3-52）。

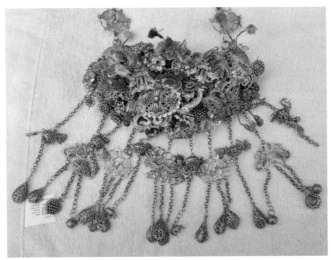

图3-52 胸牌上的流苏

　　锁芯常用材料一般是银，也有一些地区喜好用玉板。玉材料锁芯与银材料锁芯的装饰工艺不同，玉锁芯是在正反锁芯面上錾刻出浅浮雕状的纹样（图3-53）；银锁芯是在半月形银底板正面镶嵌立体的、大小不一的组合式动植物纹样，它们交错站立在锁芯表面，层层叠叠覆盖着整个锁芯（图3-54）。龙、凤、鱼、蝴蝶、蝙蝠、花等各种纹样相互叠加重合，形成密集的且呈现一定层次感的自然世界。在工艺上也使用了点珠、花丝镶嵌、錾刻等金银制作工艺，使得整个锁芯精致、厚重，更显富贵。

图3-53 玉锁芯

图3-54　银锁芯

三、背饰

背饰，顾名思义就是佩戴在身体背部的装饰，侗族女子的背饰既是日常劳作时用来固定肚兜领口的系带，使之不下落的一种饰品，也是女子婚嫁服饰中穿戴的装饰品之一。现代侗族女子婚嫁的背饰有三种样式：多边体背饰、S形背饰和蝴蝶形背饰。

（一）多边体背饰

多边体背饰，是一个实心银砣，体积较小，长、宽、高约为5cm。不同侗族村寨女子佩戴的多边体背饰的外观形态大都由菱形、三角形组合而成，并喜欢在其表面进行不同的装饰。贵州从江高增的小黄侗寨与黎平双江县的黄岗侗寨，两个村落相距约5km的山路，其背饰都是多边体银块，但表面上的装饰有所不同。黄岗侗寨的多边体背饰银块的每一个菱形表面上都刻有一个小的菱形凹槽（图3-55），小黄

图3-55　黄岗村侗族女子背饰

侗寨则是在表面刻出一个长方形，里面雕刻着"太平"二字（图3-56）。与小黄侗寨相邻的从江银潭侗寨的背饰是一个表面没有任何装饰的多边体银块（图3-57）。在黎平盖宝侗族女子日常佩戴中的多边体背饰则比较独特，由三个拧成麻花状的银块串成（图3-58）。

图3-56　小黄村侗族女子背饰　　　图3-57　银潭村侗族女子背饰　　图3-58　盖宝村侗族女子背饰

（二）S形背饰

S形背饰由一根银条的两端盘旋成圆锥体或者圆盘形，中间则弯曲成S形，主要分布在贵州从江的龙额、水口等侗族地区（图3-59、图3-60）。

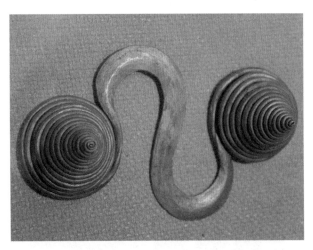 

图3-59　从江县侗族女子S形背饰中的圆锥体　　　图3-60　从江县侗族女子S形背饰中的圆盘形

（三）蝴蝶形背饰

蝴蝶形背饰的整体外形轮廓与侗族刺绣中的蝴蝶纹相近，因此称为蝴蝶形背饰。其构成元素包括圆锥体、圆盘形、多边体、S形以及羊角形等。如图3-61所示，黎平尚重侗族女子的蝴蝶形背饰由圆锥体、多边体、S形和羊角形组成，也有些地区如从江龙图侗族女子则习惯用圆盘形和多边形组合（图3-62）。

综上所述，侗族女子服饰以盛饰为重。盛饰出现于宋代，发展于明代，繁荣于清代，直至

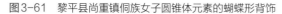

图3-61　黎平县尚重镇侗族女子圆锥体元素的蝴蝶形背饰　　　图3-62　从江县龙图村侗族女子圆盘元素的蝴蝶形背饰

今天，依然保留着多样化形式。尤其插簪钗、花钿与梳，戴项圈、项链与胸牌都是现代侗族女子服饰中最惯常的盛饰装扮。它们不仅是古代侗族社会母性文化中母权财产的反映、母系身份地位的象征，融合了不同历史时期汉族女子的步摇、簪钗、簪花等盛饰，也是侗族不同历史阶段的经济、文化、科技的集中体现，是我国服饰文化中的宝贵文化遗产。

第三节　"结"饰的女性语言

　　侗族嫁衣中的装饰纷繁复杂，如"新人盛饰庙坐""头上银钗两面排"等都是对古代侗族女子出嫁时穿戴饰品的描述。现代侗族女子嫁衣不仅包括纷繁的头饰、披肩、腰带、围裙等装饰，"结"的语言也是其中重要的组成部分。

一、早期侗族服饰中的"结"饰

　　"结"是人类早期出现的一种手工技艺，随着服饰文化的发展，"结"也随之成为人们装饰身体的一种语言，并被赋予了一定的文化意义。侗族服饰中的"结"依据文献记载在秦汉时期已经出现，这一时期"结"的样式可以看作是侗族先民发式中的髻。如在《淮南子·原道训》中记载早期侗族先民们发式为"披发文身，以象鳞虫"；《史记·吴太伯世家》中又记载为"文身断发……"；在《后汉书·南蛮西南夷列传》中则记载了"项髻徒跣，以布贯头而著之"。可见远古时代侗族先民们从披发到断发的过程中，逐渐形成了髻。侗族嫁衣自宋代侗族族群独立开始形成，髻伴随着嫁衣的出现也逐渐成为侗族女子出嫁时的主要装饰符号之一。前文中提到《老学庵笔记》中的"……男未娶者，以金鸡羽插髻……"以及《入蜀记》中西南一带的妇女"未嫁者，率为同心髻，高二尺"，可推测，宋代侗族未婚男女发式皆以髻为主。同时，腰带结也开始有了明确的文献记载，如在《岭外代答》中记载"西南蛮地产绵羊，……以一长毡带贯其摺处，乃披毡而带于腰，婆娑然也"，在钦州土人出嫁场景中"……以藤束腰，抽其裙令短，聚所抽于腰，则腰特大矣，谓之婆裙"。这里的"而带于腰"和"以藤束腰"类似，前者是日常生活中的系结腰带，后者是新婚女子的系结腰带，亦可推测在西南地区，腰带这一配件普遍出现在包括侗族在内的少数民族服饰中，随着腰带的出现腰带结也随之产生，不仅成为日常生活中的一种装饰，也成为女子出嫁时的装饰，具有捆绑固定的功能性，也有着一定装饰性和象征性。

至明清时期，侗族女子嫁衣中的"结"延续了宋代女子发式中的髻和腰带结的样式，背饰、耳饰等配件中也开始出现"结"，既有编结的技艺，也有单独以"结"为饰的装扮。《贵州图经新志》中载"头髻加木梳于后，……好戴金银耳环，多至三五对，以线结于耳根……"，文中头髻、线结等都是"结"的表现形式。到清代，"结"饰已经成为侗族女子服饰中的主要装饰，也有了明确的关于"结"饰的文献记载。如《皇清职贡图》中记载"衣以双带结背"；如图3-63所示，《黔南苗蛮图说》一书中有关阳洞罗汉苗的记载："妇人绾髻，额前有插木梳。……养蚕织锦为衣，盘双带结于背。"二者都提及了"双带结背"的一种"结"饰。

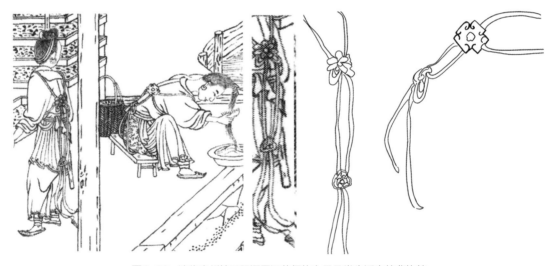

图3-63　清代贵州地区阳洞罗汉苗侗族女子日常生活中的背饰结

因此，"结"饰也是侗族女子服饰中背饰的一种。在《百苗图》的不同绘本中，可以看到侗族区域服饰中大都描绘着腰带结于后，绑腿结于腿的样式。同时，在六洞夷人出嫁场景图中也可以看到，女子腰系长带于后，缚长绔至大腿。由此可知，清代女子嫁衣中的"结"饰包括背饰结、腰带结、头髻、绑腿结等。综上所述，"结"最早出现在古代侗族女子嫁衣中时，以髻为主要形态，随着嫁衣的逐渐形成与发展，结饰以髻、背饰结、腰饰结、项饰结等构成了嫁衣不同部位的装饰语言。

二、现代侗族女子嫁衣中的"结"饰

"结"不仅起到绑缚、固定的作用,还用作区分不同族群支系的符号,也是侗族女性用来区分身份的重要语言之一。现代侗族女子嫁衣中的"结"多表现在发髻、披肩、腰带、绑腿、肚兜、开衩等部位。

第一,髻与结。古文字中,"髻"与"结"相同。从百越民族最原初的"项髻徒跣"的发式到今天西南地区不同民族、区域的女性偏髻、盘龙髻、螺丝髻、高髻等形态的保留(图3-64~图3-66),可以发现"髻"这一服饰语言被遗存下来,它们与古老的服装相比较而言,保留得更久远。髻,是侗族女子出嫁之前精心打扮的重要部位。新娘出嫁前发髻梳理的过程常常需要2~3小时,在梳发到盘发、整理碎发到盘结的过程中,每一根头发都要被归拢到发髻中,额前发际线的松紧度,耳后碎发的盘带,脑后与发髻的距离等,都是梳发人要细心考量的地方。簪、梳与步摇的装饰也使髻成为核心,不管是一支发簪,一支步摇,还是插于发髻一圈的多支发簪或多支步摇,都成为绕髻而作的装饰。

第二,背饰结与腰带结。背饰结,包括"结于背"和"结于腰"两种类型。在上文中提到阳洞罗汉苗"盘双带结于背",这里的"盘双带结"即用线绳系结来固定肚兜,双结盘于后背,形成一种重量感,使得肚兜领口紧贴颈部不下落。在现代的侗族族群中,"双带结于背"中的"结"被各种不同的银背饰所代替,肚兜领口一边的带饰做成环状,一边系银饰,二者勾连形成了固定肚兜领口的"结",银饰的重量使肚兜紧扣颈项处。同样,腰带结于后腰,与围裙系带组合成同心结。这些背饰结与腰带结在功能上已经弱化,但"结"

图3-64　榕江县晚寨村侗族女子盘龙髻

图3-65　榕江县乐里镇侗族女子螺丝髻

图3-66　黎平县黄岗村侗族女子高髻

的形态与造型依然保留着古老的外观形态和系结技艺，人们在扎系这些结饰之时，保持着认真的态度和精细的技艺，强调结饰中的同心结、双结等穿戴方式和技艺表现等，每个结都有其不同的寓意，象征着祝福、美好（图3-67）。

贵州侗族女子出嫁系腰带双结

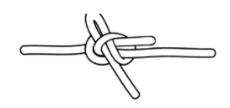
同心结系扎过程

图3-67　侗族女子腰带结示意

第三，绑腿结。绑腿较之于古代更加地丰富而复杂。绑腿的系带长度有的达到100cm，可以将整个小腿缠绕，结饰的多样化使得整个小腿形成了人体缠绕最多而又复杂的部位。在不同的地区，绑腿上的结饰也不相同，从江龙图侗族女子将系带从脚踝层层缠绕至腿肚部位，并系活结于膝盖外侧（图3-68）；小黄侗族女子则是上下交叉缠绕后，系活结于两腿外侧，系结之后的带子长度需要悬垂到脚踝处（图3-69）；黎平尚重寨虎侗族女子则是从脚踝至膝盖两处上下连接捆绑，并系结于膝盖外侧（图3-70）。

图3-68　从江县龙图村绑腿结饰

图3-69　从江县小黄村绑腿结饰

图3-70　黎平县寨虎村绑腿结饰

从椎髻于顶、系于身可以看出整个嫁衣从头部至脚下，处处有结。"结"的存在依然具有其强大的"系"的实用价值，保证穿戴时绑缚、固定的功能。除了"系"这一实用功能外，"结"也作为一种装饰语言，成为侗族女子嫁衣中独具特色的祝福符号。

三、侗族女子嫁衣中"结"的文化意义

《说文解字》中载："结，缔也。从糸，吉声"，即用丝线相互交织绑缚在一起而不可分割。糸代表红绸带；吉，比喻为喜庆。糸、吉组合成"结"则为喜庆的绸带。因此，在古代汉族婚礼仪式上，新郎新娘都需要用一根红绸带相连成亲，红绸带中间结成疙瘩，象征彼此结合不分开，即结为连理。《诗·豳风·东山》中记载："子之于归，皇驳其马。亲结其缡，九十其仪。""结"为"系"，"缡"为巾，"结缡"即为女子出嫁之意。《后汉书·马援传》中载"施衿结缡"，即古时女子出嫁时，母亲将五彩丝绳和佩巾结于其身。在古代文字中"结"通"髻"。《汉书·李陵传》记载"两人皆胡服椎结"，亦有结发之意；曹植在《种葛篇》中提到"与君初婚时，结发恩义深"；郑玄在注解《仪礼·士昏礼》中的"亲说（脱）妇之缨"曰："妇人十五许嫁，笄而礼之，因著缨，明有系也；盖以五彩为之，其制未闻。"[1]即出嫁女子的发髻上以五彩之缨而饰，新郎在新婚之夜将五彩之缨褪去，后代则将这一习俗延续成结发合髻。可见汉族历史上的"系结"早已是一种吉祥的象征，尤其成为婚嫁服饰中推崇而盛用的符号。

"结"从形态上看，首先象征着侗族不同的族群的身份。侗族是百越民族的一支，因其族群来源复杂而形成了不同支系，其服饰也各不相同，从装饰手法上分为重银、重绣、银绣结合三种形式。不论哪种装饰形式的支系，椎髻于顶、系结于身是每个族群服饰中表达"结"的共同方式，所不同的是"结"饰的形。高髻是以银和银绣结合为装饰的侗族女子所喜爱的一种"结"的形式，以从江与黎平交界的一部分地区的侗族为主，如从江顶洞侗族、黎平黄岗侗族等。盘龙髻和螺髻则是崇尚刺绣为主的侗族女子的一种"结"饰，以榕江北部侗族支系为主。通过这些髻的形态可以识别出其所属族群和居住区域，也成为侗族女性身份变换的象征。

从其符号语义上来看，"结"又有着祈福与保佑的精神寓意。如椎髻于头顶中的高髻，作为婚嫁女子头部装饰，象征着祖母神对新婚女子的护佑与祝福，同时也象征着生命的旺盛。头发自古就被侗族人视为珍贵的身体之物，是生命的象征，头发的浓密与旺盛被侗族女子视为美，系高髻于头部顶端传达出的是头发多而浓密，这是生命旺盛的一种表现。系结于身的腰结、背部结饰以及绑腿上长长的绑带缠绕与系结，对于侗族人来说，首先具有绑缚固定的实用性，但在这实用功能的背后又隐藏着一个更深层次的动因，即人们的基本需求和内心愿望。系结首先是实用，但在侗族女子出嫁的嫁衣中则更多是用这方寸之形、长短有度的"结"来象征对生命繁衍的祝福与崇拜的内心愿望。从"结"的形来看，腰结，以双结为主，形成"双结同心"的语义。正如南北朝时期梁武帝萧衍形容婚嫁女子的腰间结饰云："腰中双绮带，梦为同心结。"从"结"的穿戴手法来看，系结绑缚将人体束缚于其中，既沿袭了古代遮羞蔽体的文

---

❶ 朱彬.礼记训纂（卷一）[M].饶钦农，点校.北京：中华书局，1996：23.

化，使女性的形体藏而不露，又从视觉上巧妙地把对祖母神的崇拜和种族繁衍的渴望都囊括其中，通过符号语言来表达出侗族人们独特的图腾崇拜、祖先崇拜以及生育崇拜等。人类共同经历了结绳记事的方法，"结"最终从记事的功能发展为服饰中固定、捆绑的功能，从方便实用到赋予其精神价值，是人类结绳技艺演进的文化意义。依据马林诺夫斯基在其《文化论》中提到的"文化之间具有差异性，但各个文化间有很多相同之点，因此常用相同的方法解决同一问题"[1]这一说法，可以解释现代侗族社会中依然保存着古代母系氏族社会的文化、风俗并一直传承发展。另一方面，这也反映了我国古代中原服饰中的母性符号在侗族女子盛饰中得以表现与传承。由此，可以认为侗族服饰中"结"的形成与发展为早期服饰语言提供了重要的实证资料，也是母性文化与多元文化相互交融的见证。

[1] 马林诺夫斯基.文化论[M].费孝通，等译.北京：中国民间文艺出版社，1987：97.

第四章

性别趋向：
包肚、披肩、围裙、飘带

性别意识的出现是人类文明进步的标志之一，服饰是区分性别的外在语言因素之一。人类从洪荒时代步入母系氏族社会、父系氏族社会，虽然主导性发生了变化，但二者一直保留着一种共存的发展状态。侗族族群经历百越民族的融合，从原始的母系社会进入了父系社会，但母系文化一直存在于父系社会生活之中。

从服饰产生、发展的角度来看，侗族社会的服饰不仅仅是满足人们的基本生存需求、随着侗族社会的两性文化而发展的，也是在母系、父系社会发展过程中技术与文化对于服饰的性别趋向的表达。包肚、披肩、围裙、飘带等服饰物化符号，从早期的侗族先民们共同穿戴到逐渐趋向女性穿戴并最终成为女性专属，呈现出了服饰在侗族族群社会阶级结构变换和发展中的功能与作用。

第一节　包肚——母性象征符号

包肚，是古代侗族女子服饰中的一种内衣，不仅是侗族女子与其他民族区别的符号之一，还是侗族女子用以区别未婚与已婚的身份标志，其功能、结构造型、穿着方式与我国古代中原地区的肚兜有着一定的相似性，也有着本民族独特的服饰文化意义。在第二章中已分析了侗族先民的服饰形制以贯头衣为最早的上衣基本造型，但自宋代开始侗族服饰中明确记载了性别之分，明代有了具体的女子代表性包肚这一形制的记载，因此，本章节主要从明代开始阐述包肚的历史发展脉络及其母性文化的意义。

一、包肚的渊源

（一）明代包肚的出现

"包"字由勹、巳构成，在《说文解字》中释义为："包，象人裹妊，巳在中，象子未成形也。"段玉裁注："勹，象裹其中，巳字象未成之子也。"可见，古时的"包"字是指妇女怀孕时的象形字，本义为"裹着胎儿的胞衣"。包肚顾名思义，与女性胸、腹等生理部位有着密切的联系，可以看作是象征着女性孕育功能的贴身小衣。

侗族"包肚"一词最早出现在明代沈瓒《五溪蛮图志·别妇女》一书中："胸前包肚辫尖齐，头上排钗裙下低。时样翻新苗妇女，动人心处细评批。"[1]其中"胸前包肚辫尖齐"是描述

---

[1]　沈瓒.五溪蛮图志[M].伍新福，校点.长沙：岳麓书社，2012：43.

五溪蛮女子出嫁时胸前穿戴包肚。五溪蛮又称武陵蛮，秦时置郡，又称黔中郡。刘昭引《荆州记》说："（临沅）县南临沅水，水源出牂柯且兰县，至郡界分为五溪，故云五溪蛮。"[1]五溪是指沅水中上游地区包括雄溪、满溪、酉溪、沅溪、辰溪等在内的支流。五溪蛮是指沿河而居的古老民族，包括侗、苗在内的百越民族，秦汉时期中原的人们就称呼五溪地区的侗、苗先民们为五溪蛮、武陵蛮。因此，包肚可以看作是侗族先民们早期的贴身胸衣。"胸前包肚辨尖齐"是指包肚通过其下摆尖角状和水平状两种造型来辨别其穿戴人的身份。如前文中提到的包肚："或绸或布一幅，饰胸前垂下。俗曰'包肚'。未嫁，下际尖；已嫁，下际齐。"这里介绍了包肚的材料、尺寸大小，重要的是说明了包肚下摆造型不同是区分未婚女子与已婚女子身份的一个重要标志，未婚女子穿戴下摆为尖角状造型的包肚；已婚女子穿戴的包肚下摆则是水平状造型（图4-1、图4-2）。结合"包"字为"裹着胎儿的胞衣"这一含义，可以更进一步地推测侗族已婚女子包肚也包含着母性的隐喻。

从包肚形制本体来说，在《贵州图经新志》中提到"胸前又加绣布一方，用银钱贯次为饰"，"绣布一方"是对包肚的另一种描述，因此，包肚大小尺寸应为一方布。这里说包肚为一方布与《五溪蛮图志》中的"一幅"应该是相接近的（图4-3）。同样，与《炎徼纪闻》中"妇人……，后垂刺绣一方，若绶胸亦如之"的"一方"也是相近的。从中可知，"刺绣一方"是已婚女性或母亲的一种节日盛装穿戴方式。

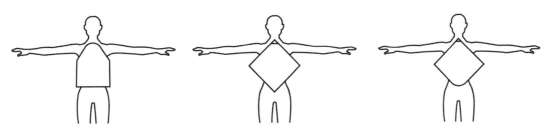

图4-1　古代侗族女子胸前一方布的三种造型

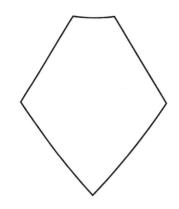

图4-2　明代五溪蛮侗族未婚女子包肚

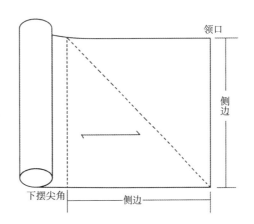

图4-3　明代五溪蛮未婚女子包肚布幅

---

❶ 范晔.后汉书（志二十二）[M].李贤，等注.北京：中华书局，1965：3484.

结合以上分析，包肚自明代始才有了明确记载。从现有文献中对明代包肚的记载来看，在材质、形制结构、尺寸大小、刺绣工艺、穿戴方式等都有着详实的描述和记录。至于包肚到底形成于何时目前还未找到相关文献记载，有待进一步的探究。但不论起源于何时，包肚都是侗族女子由少女走向母亲过程中的一个重要服饰符号，它自明代开始已经有了成熟的样式与穿戴方式，发展至清代则更加繁荣，不仅有了更加具体的文字记载，亦有了各式各样直观描述的图示。

（二）清代包肚的多样化

清代侗族族群逐渐细分而构成了不同的支系，如罗汉苗、阳洞罗汉苗、清江黑苗、洪州苗、洞苗、车江苗等。包肚也延续了明代的样式，但在装饰上则更加丰富多样。在《皇清职贡图》（卷八）中记载罗汉苗女子"衣以双带结背，长裤短裙"，文中没有提及包肚或是"绣布一方"，但提及"衣以双带结背"，可以推测包肚的双带系结于后背处。结合《百苗图》中第四十三种阳洞罗汉苗的描述："妇人发鬓散绾，插木梳于额，以金银作连环耳坠，胸前刺绣一方，银铜饰之"，与明代五溪蛮包肚、田汝成的"若缨胸亦如之，以银若铜锡为钱，编次绕身为饰"等描述接近，可以推测清代侗族女子服饰中延续了明代女子包肚的形制，在穿戴上则有了一种新的方式，即一方布穿戴在胸前，在领口两侧用带子结于背，再用银、铜等材料固定。在清代不同侗族支系的图示中亦能够寻找到一些踪迹。

其一，在陈浩《百苗图》的各种摹本中可以寻找到"胸前绣布一方"的样式。如图4-4①②③所示，洪州苗、洞苗、清江黑苗等侗族支系女子的上衣里面都穿着包肚。如图4-4④所示，车寨苗男女在行歌坐月（即侗族未婚男女晚上聚集在一起，通过弹琴唱歌来寻找意中人的一种聚会方式）的场合中，年轻未婚女子穿着对襟上衣和褶裙，上衣里面则穿戴着尖角状包肚。

其二，包肚具有多种功能性特征。李德龙的《黔南苗蛮图说研究》中记载："洞苗在古州者，有黑洞、白洞之分。所在多择平坦之地而居，以种棉花为业。妇女头包蓝帕，穿花裙。于农隙时，则比邻妇女凑油会灯络丝以备。日间织洞锦、洞帕，颇精工。"[1]文中描述了侗苗女子日常服饰穿戴以及农闲时的络丝、织锦等。结合相应的绘本可知，包肚穿着在最外一层，不仅遮挡外套的门襟，还可盛放物品，具有衣兜的功用（图4-5）。可见包肚外穿，打破了包肚作为女性隐秘内衣的穿着习俗。

同时，在文献与绘本记载的基础上，结合田野考察中搜集的侗族女子包肚穿着方式的相关资料，能够发现清代侗族女子包肚的穿着方式依然保留在现代侗族女子的服饰中（图4-6、图4-7）。

---

❶ 李德龙.黔南苗蛮图说研究[M].北京：中央民族大学出版社，2018：179.

① 洪州苗　　　　　　　　　　　　　② 洞苗

③ 清江黑苗　　　　　　　　　　　④ 车寨苗

图4-4　清代侗族女子尖角包肚（图片摘自：佚名《苗蛮图说》）

侗人女子平角包肚外穿　　　　　　　侗家女子尖角包肚外穿

图4-5　清代侗族不同支系女性包肚外穿

图4-6　镇远县报京村平角包肚

图4-7　黎平县晚寨村尖角包肚

总之，清代侗族女子包肚的样式与形制延续了明代风格，但却有了不同的穿着方式，不同区域的侗族支系的女子包肚开始有了内外之别：有的地区作为内衣穿着，以遮挡领口和胸部；有的地区则是穿在外衣的外面，用于装饰。

二、内外兼穿的现代包肚

内与外是相对而言的，它们既是时空上的概念，也具有人类社会角色分工的功能。如"内"有妇女、女色之意，古代已婚男子称妻子为"内人"，在《左传·僖公十七年》中提到"齐侯好内"，这里的"内"字是妻子之意。"外"，《周易·家人·象传》中释义为："男正位乎外"，象征男子应该为家庭之外的社会角色。在《周易·家人》的象辞中提到"女正位乎内，男正位乎外。男女正，天地之大义也。"这是用内外二字象征男女之别的先河。在《礼记·内则》中说："男不言内，女不言外。……外内不共井，不共湢浴，不通寝席，不通乞假，男女不通衣裳。内言不出，外言不入。"❶同样，司马光在《书仪·居家杂仪》中指出："凡为宫室，必辨内外。深宫固门，内外不共井，不共浴堂，不共厕。男治外事，女治内事。男子昼无故不处私室，妇人无故不窥中门。……有故出中门，亦必拥蔽其面（如盖头、面帽之类）。"❷可见，古代中国传统的思维中一直保有空间上的内外，象征着男女之间社会分工和地位的文化指向。

从服饰的角度，内外同样产生了男女性别之分、穿戴之别。在社会文化中，内外是男女社会角色的代名词，服饰则成为男女表达内外的直观符号。包肚，作为古代侗族女子的一个主要服饰组成部分，不仅有着性别象征的特殊含义，也有着未婚与已婚的符号意义。在当下的侗族女子服饰中，包肚依然保留，虽然其未婚与已婚的符号指代性消失，但依然是性别象征的符号。其不仅仅是侗族女子出嫁时重要的内衣之一，亦是侗族女子在日常生活中内外兼用的服饰配件。

（一）包肚穿着方式

现代侗族包肚也称为肚兜，其样式延续了古代侗族女子包肚的形态，主要结构为一块菱形布，覆盖于人体的胸腹部，其结构和穿着方式也传承了古代侗族女子的包肚，既可作为内衣亦可作为外衣。如图4-8所示，贵州不同地区的侗族女子包肚，基本样式以菱形为主，下摆尖角、领口内凹、两侧的尖角系带、贴身穿着，长度至人体的大腿中部，约为60～70cm（根据田野调查中对相邻村寨的不同女性肚兜实物的测量综合得出，但个体的身高、胖瘦不同，数据

---

❶ 孙希旦.礼记集解[M].沈啸寰，王星贤，点校.北京：中华书局，1989：735.

❷ 李文炤.家礼拾遗（卷之一·通礼）[M].赵载光，点校.长沙：岳麓书社，2012：619.

图4-8　贵州不同地区的侗族女子菱形包肚

也会有所不同,一般相差2～5cm)。穿着的时候,包肚尖角一般以不超过膝盖为界线,两侧尖角之间的宽度为70cm,用带子围系至后腰打结固定,显得较为宽松。根据每个人高矮胖瘦程度的不同,长宽也会随之改变。领口两边装有两根绣带,一端装有银饰,另一端结环,两端相扣,固定住包肚,使得包肚领口不下落。

　　包肚作为内衣,其穿着方式随着季节的不同而变化。在田野考察的过程中,发现黎平黄岗、盖宝、往洞、银潮,榕江晚寨,从江小黄、银潭、顶洞,三江独峒、同乐等侗寨的包肚都可以在季节变化的过程中内外兼用。如图4-9所示,贵州黄岗侗寨女性包肚是少女、已婚妇女以及老人的必备之服,夏天穿在内衣的外面,秋天穿在开衫的里面,半遮半掩,冬天则穿在

图4-9　贵州黄岗村不同年龄侗族女性日常包肚

外套里面，较为隐秘。而在湖南通道、广西三江的一些侗族地区，不论是作为内衣还是外衣，包肚都在逐渐消失，这与文化的发展、科技的进步有着密切的联系。经济、交通越发达的区域，服饰的汉化程度越高，目前这些地区的包肚也仅仅存在于一些女性的表演服饰中。

包肚外穿的形式也保留在侗族女子服饰中，如镇远的报京、锦屏、天柱等贵州北部侗族地区的侗族女子的包肚都是穿在最外层，既可以当作围裙使用，也可以作为外套的装饰。外穿的包肚造型与一片式喇叭袖的版型相近，下摆平直与外套边缘平齐（图4-10）。包肚上端镶嵌一块"山"形绣片，两侧绣带围系至后腰固定。所用材料有两种，一种是黑色平绒面料，另一种是暗红色侗锦。

图4-10　贵州镇远县、锦屏县、天柱县侗族女子外穿包肚

在侗族女子出嫁服饰中，侗家人通常都选择自织的侗锦作为包肚的材料。纹样以花鸟组合为主要题材，常装饰在胸前和腰带上，有吉祥祝福的寓意。贵州北部侗族地区女子的外穿包肚与相邻的三都水龙乡水族女子外穿包肚在造型上较为接近（图4-11），不同之处在于二者装饰的风格、纹样以及技艺。

图4-11　贵州三都县水族女子外穿包肚

（二）拼接艺术

包肚材料的拼接方式各有特色，拼接的块状面积不同，但在造型结构上，侗族女子的内穿包肚大都非常相近。如图4-12所示，将菱形的一角剪成平角作为领口，领口处镶嵌一块长方形绣片，在长方形绣片边缘处对称拼接两块三角形绣片，中间领口形成Ｖ字造型，与人的颈部

相吻合，领口两侧尖角处系带，围系于后颈处，用一块银饰固定。同样，在菱形腰部两侧的尖角缝上带子，带子从两侧向后围系在后腰处系结固定。

整个包肚的主体面料是传统侗布，拼接其他色彩面料作为辅助。贵州黎平的黄岗、往洞、银潮等地的侗族女子包肚材料的主体为普通侗布，拼接红、绿、蓝等彩色面料，而从江的小黄、顶洞等地的侗族女子则喜用亮布作为包肚主体，强调领口的装饰。如图4-13所示，不同区域侗族女子的包肚从领口到胸部、下摆两侧，都会拼接上不同颜色的面料，领口镶嵌色彩斑斓的绣片作为亮点。一块看似简单的菱形块面，在拼接过程中，构成了每一位女性自己喜好的贴身小衣。

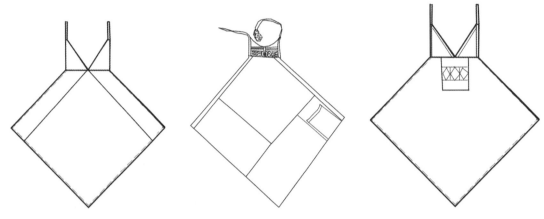

图4-12　不同区域侗族女子菱形包肚与V领

图4-13　不同区域侗族女子菱形包肚领口拼布

三、侗女包肚的母性文化意义

一件事物的形成总是有一个循序渐进的发展过程。包肚从早期的萌芽、初具雏形到明清的丰富多样,成为侗族女子的日常与礼仪中都不可缺少的服饰,再到现代侗族女子包肚内外兼穿的装饰性,有着漫长的发展过程。在这个过程中,包肚起源于何时、为何会出现虽然目前还没有查阅到相关记载,但从贯头衣的形成与发展可以推测,古代包肚的形成与早期的贯头衣有着不可分割的联系。从无性别之分到成为女子专属的内衣,再到内外兼穿的装饰性,包肚成为侗族服饰性别之分的重要符号,也是侗族母性文化中重要的外在形式代表。

从符号学的意义来看,包肚自有文献记载以来一直是侗族女子穿着的服饰,无论是作为功用的服装还是作为出嫁时的礼仪性服装,都已经有了性别上的区分。罗兰·巴特在《流行体系——符号学与服饰符码》一书中提到,服装的符码中包含着真实服装、意象服装与书写服装三种,其中"意象服装"与"书写服装"脱离实际的功能性,表现服装的装饰性、审美特征,人的身份、地位、信仰,社会风俗等内在意义。包肚具有遮胸覆乳的实用性,强调女性的人体结构和性别特征,这是作为真实服装最朴素、简单的功能性特征。包肚从保暖、遮羞、防护到"辨尖齐"的形状变化,再到"衣以双带结背"的装饰特征,是少女走向女人的标志性符号,从功能性转向了象征性,成为表现性服装。包肚下摆尖角与平角的转换象征着未婚与已婚身份的转换,这种形态结构的变化与女性身份的转变具有同构性,从一种物质客体走向了某种文化表征系统的符号。作为独特的物质客体,包肚超越了它本身具体的存在,成为体现侗族母性文化意蕴的符号,从而获得其独特的文化价值。

从社会发展的角度来看,包肚不仅具有性别特征,也是我国社会历史变迁、民族交融的一个代表性符号。明清时期是我国西南地区民族蓬勃发展的历史时期,也是我国历史上南北文化交融的重要发展阶段,尤其在清代"改土归流"政策的影响下,多民族之间的交融给服饰语言的变革带来了巨大的影响,包肚的发展也可以看作是侗族本土服饰语言与汉文化交融的产物。

作为遮挡胸腹之用的包肚,在我国古代服饰中早有类似的称呼,如在《楚辞·九章·悲回风》中称之为"纠思心以为攘兮,编愁苦以为膺"。"膺",本义为胸,"膺心衣"即指贴近心与胸处的内衣,这可能是人类关于胸、腹部服饰原型最早的文献记载。《中华古今注》中记载:"袜肚,盖文王所制也,谓之腰巾,但以缯为之。宫女以彩为之,名曰'腰彩'。至汉武帝以四带,名曰'袜肚'。至灵帝赐宫人蹙金丝合胜袜肚,亦名'齐裆'。"[1]东汉刘熙在《逸雅》中又记载"帕腹、抱腹、心衣"等覆盖前胸、腹部之处的贴身小衣。唐宋时期又出现了"上可覆乳,下可遮肚"的"诃子""抹胸"等贴身内衣。清末民初徐珂在《清稗类钞·服饰

---

❶ 马缟.中华古今注[M].吴企明,点校.北京:中华书局,2012:108.

类》中载"抹胸，胸间小衣也……，俗谓之兜肚，男女皆有之"。膺心衣、袭衣、帕腹、心衣、诃子、兜肚等是中原汉族内衣服饰在不同历史时期的名称。西南百越民族的包肚与其也许有一定的联系，《中国历代妇女妆饰》中记载福建福州南宋黄昇墓出土的包肚，领口呈V字造型，其两端与两侧腰间各缀一带，以备系扎，上可覆乳，下可遮肚，与侗族女子的包肚相近。《黔南苗蛮图说研究》中记载："峒人又名峒丁，风俗与汉人同。妇女亦汉装，惟足穿草履。"可知清代侗族服饰受汉族服饰影响较大，包肚也在多元文化的交融中形成了自己独特的样态和穿着方式。

综上所述，文化是一个多级意指系统，社会由历史、经济、风俗、阶级、权力等各种语汇组成，其所蕴藏的寓意是无法估量的。侗族女子包肚的形成发展是侗族服饰中女性文化的发展史，也是侗族女子自身身份转变的一个象征性符号。在文化多元发展的今天，侗族女子包肚也成了我们从历史中寻找我国不同民族之间文化融合的一个物化符号。

第二节　披肩——男女共用到女性独享

披肩（侗语gu kuang），指穿戴在肩部的一种装饰部件。古代侗族披肩是男女共用的服饰，据目前的文献资料来看，从百越时期到宋代，侗族族群从百越民族中独立出来，关于披肩及其相似造型的配件在各类涉及侗族服饰的文献典籍记载中都未提及。在清代嘉庆年间陈浩绘制的《百苗图》不同摹本中的六洞夷人女子出嫁服饰中，明确描绘着披肩的样式。李德龙的《黔南苗蛮图说研究》中记载，光绪年间桂馥绘制的六洞夷人侗族出嫁女子服饰中穿戴着披肩，与《百苗图》中所描绘的披肩形制比较相近。显然，依据文献可以推测侗族披肩最早出现在清代中后期，是女子礼仪服饰中的一部分。

现代侗族披肩仅存于贵州黎平尚重、从江洛香、榕江晚寨等地区的女子嫁衣中，主要以圆形为特征。从结构上看，可分为环形披肩、宝剑头披肩和立领圆形披肩三种。

一、侗族女子环形披肩

环形披肩一般与流苏组合，主要集中在贵州榕江晚寨和黎平尚重等地区。如图4-14所示，贵州榕江晚寨侗族女子披肩结构由两个大小不同的环形绣片组成，由内向外逐渐增大。内环绣片的内圆口为领口，领口的长度略大于人体的颈部围度2~3cm。两个圆环拼接缝合后形成整圆形，披肩的正中间留一个开口，类似于上衣的门襟，一方面方便人们穿戴，另一方面使得披肩更加服帖。因为人体凹凸不平，活动时，披肩的开口能够提供一定的松量。在造型上，披肩的边缘实际上是由一个个张开翅膀的蝙蝠组合而成，在蝙蝠翅膀、尾部的银钩边缘处形成了各种弯曲的钩状，人们就在这些钩状处悬挂牛头式的银铃和蓝、绿、玫红色等彩线做成的挂件。每一个挂件长约20cm，穿戴时，丝线挂件悬垂到胸部以下的位置，从视觉上使得披肩覆盖住人体上半身的大部分面积，整个造型像古代宫廷女子服饰中的霞帔。

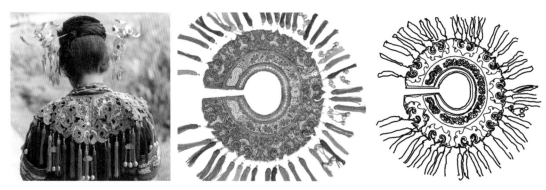

图4-14　贵州榕江县晚寨村侗族女子环形披肩

二、侗族女子宝剑头披肩

宝剑头披肩类似一朵圆形的花，12个宝剑头作花瓣，流苏把花瓣连接成一个整圆形，其主要集中在黎平肇兴、水口以及从江洛香等部分村寨的侗族女子盛装中，因制作工艺与刺绣纹样复杂、手工性强而显得珍贵。如图4-15所示，披肩中间的环状为领围部分，领口直径约为14cm，领围宽度约为12cm。环状绣片中的纹样以展翅的蝙蝠与蕨菜纹图底相衬构成，以黄绿两色交错使用，周围镶嵌12个宝剑头花瓣，每个宝剑头长约16cm，上口宽约5cm，剑头部分宽约7cm。宝剑头上的纹样以龙、凤为主，一龙一凤交错向中心聚合，宝剑头之间用网状的珠串相连，整体像一朵莲花，穿戴起来能够使得整个披肩的宝剑头花瓣均匀披覆在肩部四周。现代的许多侗族妇女基本上不再给自己制作披肩，而是做一两个给孩童或女儿出嫁时穿戴。在田野考察中发现，这些地区的披肩装饰材料已经非常现代化，带孔的塑料圆珠、圆片等现代加工材料代替了传统的铜片、铜镜等材料。

图4-15　贵州黎平县水口镇、从江县洛香镇侗族女子宝剑头披肩

三、侗族女子立领圆形披肩

立领圆形披肩主要集中在黎平尚重地区，相较于环形披肩，二者在大小、装饰上都大致相同，所不同的是款式与内部结构。如图4-16所示，立领圆形披肩在造型上有了立领的结构，穿戴时领口尺寸较为合体，与无领外套结合起来穿戴会更加有立体感。在结构上，领口的板型与裁剪打破了原有的传统平面裁剪方法，运用收量、放量的处理方式，使尺寸与颈部、肩部位置的贴合度更高，平铺时形成半立体的效果，穿戴时在肩、臂根处给出了运动量，更加合体。

图4-16　贵州黎平县尚重镇侗族女子立领圆形披肩

从上述三款披肩来看，环形和宝剑头披肩都是在平面结构中寻求与人体吻合、舒适的样式，立领圆形披肩则具有了现代的立体裁剪语言，在继承传统平面裁剪的基础上吸收了现代立体裁剪方法，体现了侗族女性在服饰设计中对现代裁剪方法的借用与领悟。结合对侗族女子披肩穿戴方式和场合的调研，可以认为披肩是侗族礼仪服饰的重要组成部分。

第三节　蔽前、蔽后到围裙、飘带

蔽前与蔽后，可以说是现代服饰中围裙与飘带的前身。围裙与飘带作为服饰的主要配件正在逐渐消失，围裙在一部分地区的女子服饰中依然保留，如福建沿海地区的渔女以及西南少数民族地区的苗族、瑶族、侗族、水族、布依族等民族均在日常生活中穿戴围裙，但飘带保留下来的已经非常稀少了。

一、蔽前与围裙

《易纬·乾凿度》中云："古者田渔而食，因衣其皮。先知蔽前，后知蔽后。后王易之以布帛，而犹存其蔽前者。重古道，不忘本"[1]。由此可知，蔽前与蔽后皆为人类早期的服饰形式。在服饰发展过程中，"蔽前"也称作"蔽膝"，作为服饰的主要部件在历代服饰中传承演变。最早的蔽膝出现在商周时期，如殷墟出土玉人的衣饰中描述蔽膝为"腹前悬长条形'蔽膝'，下缘及膝部"[2]；东汉时期《白虎通义》中有关于蔽膝的记载："太古之时，衣皮韦，能覆前而不能覆后。"[3] 显然，人类最早先用皮毛等围之于腹下膝前，"覆前"即是围裙的最初形态，这里主要从遮掩、遮蔽、护体等功能的角度来说明蔽膝存在的实用意义。蔽膝，在《释名·释衣服》中记载："韠，蔽也，所以蔽膝前也。妇人蔽膝亦如之。"又说明蔽膝在古代是男女皆可穿戴的一种服饰。周锡保在《中国古代服饰史》中认为先有蔽前，再有蔽后，上衣下裳形制确立之后，人们为了纪念上古时期的样式而在服饰中留下了蔽膝这一服饰配件。由此，蔽膝从最初的护体功能逐渐走向礼仪服饰的主体，起到装饰、彰显身份地位的功能。

关于古代侗族围裙的记载很少。目前在我国不同的侗族区域，围裙不仅是日常服饰中的主要穿戴部件，也作为礼仪服饰中最注重的配件之一，已经成为集装饰、形式、技艺于一体的符号。贵州不同区域的侗族女子盛装围裙样式中，以重饰为核心，强调装饰性与仪式性。如图4-17~图4-20所示，形制以方形为特征、装饰以重绣为特色的围裙，长度过膝；装饰以重银、满银为特色的围裙，长度在膝盖以上。这些盛装围裙与我国传统礼仪服饰中的蔽膝有着异

---

❶ 刘宝楠.论语正义（卷九）[M].高流水，点校.北京：中华书局，1990：313.

❷ 中国社会科学院考古研究所.殷墟妇好墓[M].北京：文物出版社，1989：151.

❸ 黄强.中国内衣史[M].北京：中国纺织出版社，2008：8.

曲同工之妙，虽然没有文献记载二者之间的直接联系，但自宋代以来，侗族一直不断地吸收着汉族的文化与习俗。正如马林诺夫斯基在《文化论》中提及，人类在形成之始，每一个族群有着自身创立文明的能力，也有着吸引另一个族群文化的能力。作为由多个民族融合而成的侗族来说，其嫁衣中的围裙有着本民族独特的文化寓意，也有着外来文化的符号特征。

图4-17　茅贡乡地扪村侗族女子盛装围裙

图4-18　双江乡黄岗村侗族女子盛装围裙

图4-19　乐里镇木里村侗族女子盛装围裙

图4-20　尚重镇寨虎村侗族女子盛装围裙

二、蔽后与飘带

蔽后，依据上文中提到的《诗经·小雅·采菽》中的："赤芾在股，邪幅在下"等文字，可见蔽后是穿戴在人体腰臀部位的一种服饰，与穿戴在人体前部的蔽膝相对应，在我国远古时期就已经形成。依据《贵州图经新志》中的"后加布一幅"与"赤芾在股"的穿戴方式相同，可知从明代起侗族服饰中就明确有了蔽后这一服饰配件的存在。

现代侗族礼仪服饰中的蔽后称为飘带，作为侗族女子服饰中的配件并不存在于所有地区的侗族服饰之中。飘带大部分是女子婚嫁时穿戴的一种服饰，如在榕江乐里、晚寨，黎平尚重、洋洞等侗族嫁衣中仍保留了这一古老的服装样式。同样，从江的龙图、榕江的乐里区域村落的飘带也仅仅是在婚嫁和节日时穿戴，日常服饰中并不穿戴。如图4-21～图4-23所示，榕江乐

图4-21 榕江县乐里镇侗族女子盛装飘带

图4-22 黎平县尚重镇侗族女子盛装飘带

图4-23　榕江县寨蒿镇晚寨村侗族女子盛装飘带

里、黎平尚重与榕江寨蒿晚寨女子出嫁穿戴的蔽后在形态上是由3～5个条形绣片构成，底部装饰丝线做成流苏，每一个条形绣片均自由地覆盖在人体的臀部，并随着人体的运动而飘动，因而称为飘带。飘带中的流苏与条形绣片的自由晃动与围裙方正的形态、厚重的装饰相比要自由活泼、充满生气。

作为日常生活服饰中的飘带目前仅在黎平县双江乡的黄岗侗寨保存，这里的侗族女子在出嫁时不穿戴飘带，仅仅在日常生活中穿戴，其造型是由一整块侗族亮布折叠而成，腰头拼接异色布料，注重亮布本身的材质与光泽，很少用刺绣纹饰作为装饰（图4-24）。

从侗族女子飘带的结构上看，礼仪服饰中的飘带主要以单体绣片形态组合而成，有连续宝剑头条状构成的、有扇形的龙凤纹相组合构成的。不论何种构成形式，它验证并继承了古时侗族先民们用树叶、树皮、羽毛和兽皮等来包裹身体，以蔽风寒的这一说法。如图4-25所示，以黎平县黄岗侗族为代表的飘带则作为一种实用性功能服饰保留在日常服饰中，代替百褶裙遮盖住穿裤装的臀部。以榕江乐里侗族、黎平洪州侗族、从江龙图侗族为代表的女子盛装飘带则是以装饰臀部、突出臀部为目的（图4-26～图4-28）。从设计学角度来

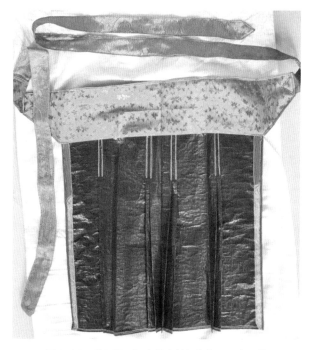

图4-24　黎平县双江乡黄岗村侗族女子日常飘带

看，这两类飘带正好表现为对比与统一、节奏与韵律的设计手法；穿戴方式上，围裙的遮盖与飘带的显露体现了人类装饰上一个特征，即强调生殖崇拜的穿戴符号。二者的一遮一显，都有着对女性的生殖功能的崇拜意味，其寓意相同。由此推测，侗族飘带是我国远古时代服饰中母性崇拜文化的符号遗存。

总之，从包肚、披肩、围裙以及飘带等服饰配件的分析来看，可以说，侗族女子服装配饰逐渐成为其性别上的一个标记符号。包肚的造型特征、肚兜的内衣外穿、披肩的华贵、围裙的仪式感、飘带的装饰性与遮掩性等，都具有强烈的、鲜明的女性身份标签意味，也给予女性自身一种社会特定角色的标注。

图4-25　黎平县黄岗村侗族女子日常飘带

图4-26　榕江县木里村侗族女子盛装飘带

图4-27　黎平县平寨村侗族女子盛装飘带

图4-28　从江县龙图村侗族女子盛装飘带

母爱的守护：侗族儿童服饰

生存与繁衍是人类社会发展最原初的目的，儿童是一个民族的未来和希望。在哺育、守护孩童的过程中，母亲们创造出一系列的符号语言来表达自己对孩童的保护与寄托。其中衣、食、住、行是保障儿童健康成长的物质文化的一部分，儿童的服与饰则是母爱表达最具直观性的物质符号之一。

第一节　头上的童趣

在侗族社会发展过程中，社会习俗、信仰以及母亲对孩童的健康、生命的保护意识与思维方式，对侗族孩童的身心产生了一定影响。侗族儿童服饰在生理、心理以及文化习俗的影响下形成了自身独特的造型特征，尤其在儿童首服与发式上形成了本民族独有的符号。

一、侗族儿童发式

（一）古代侗族儿童发式

在清嘉庆年间《百苗图》摹本《黔苗图说》图册中描绘了洞苗、罗汉苗、楼居黑苗、洪州苗、峒人等不同侗族支系儿童的发式，与古代侗族男子剃发、椎髻发式基本相同。如图5-1~图5-5所示，图册中洞苗、罗汉苗、楼居黑苗、峒人、洪州苗的儿童保留了椎髻样式，在清代中后期，儿童发式大都模拟侗族成人发式。

在李德龙的《黔南苗蛮图说研究》中，记载了清代桂馥描绘的洞苗、罗汉苗、楼居黑苗、洪州苗、峒人等不同侗族支系儿童的发式，有缠巾椎髻、披发和扎辫三种样式。清代洞苗儿童椎髻与头巾组合的形象，是椎髻缠巾的式样（图5-6）。洞苗儿童的另一种发式是在囟门处扎揪，四周毛发则剃除（图5-7）。阳洞罗汉苗儿童发式也是以椎髻为主，头部囟门周围毛发全部剃除，仅留有

图5-1　清代洞苗儿童椎髻

图5-2　清代罗汉苗儿童缠巾椎髻

囟门处发式结成髻状，这与《黔苗图说》中的儿童发式相一致（图5-8）。六洞夷人女子出嫁的场景中，也描绘了儿童头部四周毛发剃除，于囟门处扎辫，并直立向上的样式（图5-9）。洪州苗中的两个儿童形态，其发式亦为披发，但二者披发又有所不同，襁褓中的婴儿，发式是囟门处留发；年龄稍大一点的儿童，以披发为尚（图5-10、图5-11）。

综合来看，侗族儿童发式来源于成人发式，也包括椎髻、披发与扎辫三种样式，但在局部有些变化。同时，《黔苗图说》与《黔南苗蛮图说研究》中记载的清代的不同时期，同一族群

图5-3　清代楼居黑苗儿童缠巾椎髻

图5-4　清代峒人儿童椎髻

图5-5　清代洪州苗儿童椎髻

图5-6　洞苗儿童缠巾椎髻

图5-7　洞苗儿童扎揪

图5-8　阳洞罗汉苗儿童椎髻

图5-9　六洞夷人儿童扎辫

图5-10　洪州苗婴幼儿披发

图5-11　洪州苗儿童披发

的儿童发式也不完全相同。综合两本文献可见清代中后期对儿童发式种类的记载较为全面。由于在文献中可能也有绘画手法以及印刷等影响，因此对于文献图片仅从直观的视角进行解读与分析有一定的局限性，不过根据不同时期的图册对照可以发现儿童发式的基本造型样式。从历史发展的角度来看，侗族儿童发式从单一模仿成人的椎髻发式到披发、扎辫等样式的形成，是不同文化的交融碰撞在古代侗族儿童发式上的表现和发展（表5-1）。

表5-1　不同文化的交融碰撞在古代侗族儿童发式上的表现

序号	名称	样式	内涵与寓意	来源
1	太阳髻		象征"祖母神""太阳"，护佑儿童健康成长	侗族母性文化遗存
2	太阳形披发		模仿太阳的形状，周边毛发类似太阳光芒，护佑儿童健康成长	侗族母性文化遗存
3	心形披发		保护囟门，护佑婴幼儿健康成长，具有辟邪之意	汉族儿童发式的融入
4	直立辫发		俗名"一抓椒""冲天炮"，象征着犄角、伞等，保护孩童囟门	伞的形态，侗汉文化交融

（二）现代侗族儿童发式

在现代西南地区少数民族儿童发式中依然能追寻到成人椎髻的样式，如与侗族相邻的岜沙苗族男孩发式依然以椎髻为尚。笔者于2010年在从江岜沙苗族和双江黄岗侗族考察中发现，岜沙苗族男童依然保留着明清时期成人男子剃发椎髻样式，女孩则以盘髻、编发为主。据说岜沙苗族人认为头顶毛发是大树，其余皆野草，野草会吸收大树的营养，因此要经常把野草剔除才能保证大树健康成长，这是当地人的一种传说，也是岜沙苗族人崇拜树神的一种象征性解读。在岜沙苗寨，每户只要出生一个婴儿，就要在自家的山上种一片树，这些树将伴随着孩童成长，既是孩子未来的财产也是终老之时所用的木材，因此用头顶毛发象征大树也成为人们日常生活的一种习俗。如图5-12所示，岜沙苗族的儿童以及上学的少年基本上都保留着剃发椎髻的发式。如图5-13所示，女孩有的是在头顶扎着马尾，有的则将马尾盘在头顶，与大人发髻相同。

图5-12　贵州岜沙村苗族少年日常剃发椎髻

图5-13　贵州岜沙村苗族少女日常扎马尾、绾髻

　　对比上述岜沙苗族儿童发式，现代侗族儿童发式没有遗存古代的椎髻样式，而是模仿现代成人的发式，男孩留着和父亲一样的短发（图5-14），女孩则留着和妈妈一样的长发，平时玩耍或上学的时候基本上是在脑后扎马尾（图5-15），节日的时候少女们一般都会绾发髻，戴上凤冠、钗、插花甚至黄杨枝等饰品（图5-16）。此外，头部装饰也一直是侗族人对儿童们独特的一种爱的表达符号，不论在日常还是节日的时候，年龄小的孩子都会戴上童帽，在童帽的装扮上会对性别有所区分，年龄稍大一点的少年们则缠裹上包头巾等。

图5-14　贵州黄岗村侗族男童日常短发　图5-15　贵州黄岗村侗族女童日常长发扎马尾　图5-16　贵州龙图村侗族女童节日绾髻、插戴簪钗

（三）侗族婴儿剃胎发习俗遗存

侗族大都保留着婴儿剃胎发的习惯。剃胎发时，在婴儿囟门处留一撮胎发是现代侗族一直保留着的一种习俗，在这一点上与中原汉族婴儿剃胎发的习俗相同。对于南方百越民族儿童发式记载极少，但依据出土文物发现，在安徽省马鞍山三国朱然墓出土的一件"童子对棍图木胎漆盘"上（图5-17），盘底部绘有两个儿童执棍对舞，底部有漆铭"蜀郡作牢"四字，执棍儿童发式为囟门两侧与后脑部位留有长长的胎毛，绾成髻，发梢则自然垂下。依据此图像和文献中的记载，可以推测三国时期西南地区的少数民族在中原政权不断向南延伸的历史进程中，孩童发式的样式、形成的习俗等也可能受到了一定的影响。

图5-17　安徽马鞍山三国朱然墓出土的"童子对棍图木胎漆盘"实物与线描示意图
（马鞍山市三国朱然家族墓地博物馆藏）

在贵州地区的一些侗寨，婴儿剃胎发也非常普遍。2019年笔者采访黎平双江四寨吴士英86岁的外婆（吴阿桂）时，据老人家说："贵州侗寨的孩子出生一个月后，不管男孩女孩，都要请村里的寨老来选个日子剃胎发，胎发要剃光。"田野考察过程中，我们所记录的婴儿不论男孩女孩很多都是囟门处留有胎发，而头部其他部分的胎毛则被剔除。如图5-18、图5-19所示，榕江三宝乐里等侗寨婴儿大都在囟门处留有胎毛。但黎平的盖宝、黄岗侗寨孩童则常常把胎毛全部剃完，留着光头的样式。如图5-20、图5-21所示，夏季孩童剃完胎毛裸露头部，而冬天母亲们则给婴儿戴上暖暖的棉帽以保护头部。

综上所述，在发式的变化中，侗族人们对婴儿发式更加注重保留古老的传统习俗。对于儿童的护佑，人们往往一方面依赖于科学，另一方面内心世界则更加相信神灵、祖先的力量。儿童的发式是父母们寄托希望孩子们健康、早日长大成人愿望的一个特殊符号，也是不同文化交融的历史见证。

图5-18　榕江县乐里镇侗族婴儿囟门留发

图5-19　榕江县车江乡婴儿剃头囟门留发

图5-20　黎平县盖宝镇侗族儿童剃光头

图5-21　黎平县双江乡侗族儿童短发带帽

二、仿生的童帽

帽与发式是分不开的，头发的样式将决定帽的造型。侗族孩童发式在古代有椎髻，现代有短发、光头、囟门留发等形式。孩童发型的意义在于保护稚嫩的头部免受伤害，童帽的产生亦是如此，其样式也因发式而形态各异。

古语云：帽，古野人之服也。《说文解字》中释义："帽，小儿及蛮夷头衣也。"段玉裁注："谓此二种人之头衣也。小儿未冠，夷狄未能言冠，故不冠而冃。"可见，古时帽是蛮夷之人与幼童的配饰。在当下侗族村寨的田野调查中发现，成人戴巾、孩童戴帽是一种普遍现象。也可以说，侗帽是1~5岁孩童所特有的一种头衣，它是集童趣和母亲的宠爱于一身的手工艺术品，帽前有八仙，头顶有太阳花，帽后有金银财宝八宝箱，侧耳有流动飘逸的流苏等，统称为"罗汉帽"。侗族母亲们认为孩子戴着罗汉帽，邪祟妖孽就不敢来侵扰，以此保佑孩子健康成长。

（一）自然界中"花的聚会"

在侗族孩童的童帽装饰中，大自然中的动植物应有尽有，可谓是万物生长。孩童的成长与父母、自然的相伴密不可分。母亲们把在田间地头所见的、所喜爱的生命体都嫁接到孩童的帽饰中，组成了庞大的自然群体。我们能够在侗族孩童的童帽中找到自然之芬芳、七彩之绚烂，动物、神仙和日月亦同聚于此，母爱之心溢满了一顶顶小小的童帽。如图5-22所示，黎平茅贡地扪侗寨童帽，帽顶帽身帽尾都装饰了各色花样，独立的太阳花、菊花、螃蟹花等居于帽顶，周围环绕着未知名的连枝花，层层相套，帽身一处四朵螃蟹花簇拥着一朵太阳花，帽檐铺满了五彩缤纷的丝线流苏，如同漫山遍野的野花野草，芳香四溢。

图5-22　茅贡乡地扪村侗族百花童帽

花的造型在不同村落的童帽中也会呈现不同的形态。如图5-23所示，在贵州不同地区侗族村寨的童帽中，帽顶繁花似锦，顶中部是装饰核心，以花为主，花枝盘旋缠绕，蜜蜂采着蜜，鸟儿小憩枝旁。四周由七彩蝴蝶和独头花组成花环，相互之间用铜镜相牵，连起了一个纷繁热闹的自然界景致，围绕着中间八边形的花鸟世界。帽檐四周悬垂彩色丝线流苏，银片花也参与其中，随着孩童的晃动而摇摆，童趣世界中透着母爱的温情。

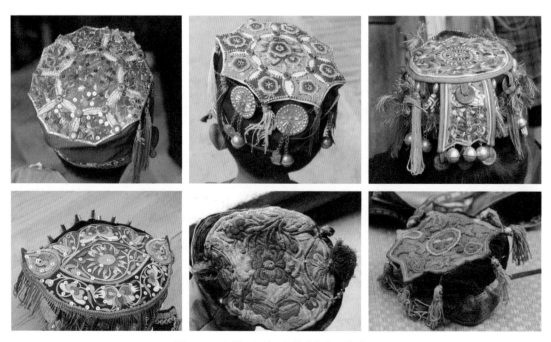

图5-23　贵州不同地区侗族童帽的百花世界

花朵在童帽装饰中并不是一直位于帽顶部位，母亲们常用精巧手艺把花瓣做成宝剑头形状的叶瓣站立在帽檐上。如图5-24所示的黎平黄岗侗寨孩童花瓣凉帽，花瓣排列环绕在孩童头部周围，花瓣上彩色绒线争相舒展着，孩童稚嫩而纯真的面容如同花蕊般珍贵可爱，绚烂的花瓣帽与孩童融为一体。

图5-24　黎平县黄岗村侗族孩童彩色绒线花瓣凉帽

（二）财富的累积

在侗族孩童的帽饰中，母亲们不仅把自然的美好植入其中，让心灵有所依靠，物质的富足需求也成为母亲们对孩子未来生活最朴素的期盼。母亲们总是希望自己的孩子要有安身的居所、充足的钱财、食物等，她们各秀其才艺，各显其想象创造出与衣食住行相关的物品符号，尽情地表现在童帽上。不同村寨、不同母亲们制作的童帽多种多样，无论春夏秋冬，都有着相应的童帽，春有花帽，夏有凉帽，秋有瓜皮帽、风帽，冬有暖帽，帽上装饰着应有尽有的财富，如象征侗族村寨的鼓楼、寨门以及风雨桥等建筑，模仿高高耸立的飞檐翘角、寨门的门头、层叠的鼓楼、风雨桥长廊与塔尖等。童帽的装饰材料也极尽奢华，常以金、银、铜、玉等材料制作成各类装饰品，如金、银箔线镶嵌，悬挂银宝箱、银鱼、银八仙、玉八仙等，使童帽上布满了各种象征财富的符号语言。

1.金与铜的镶嵌

黄金一直被人类视为贵重的物品。在侗族童帽中，金的使用也很普遍，但因其昂贵，人们常常在童帽中装饰少量的金箔线。铜作为一种矿物质，古时也被视为一种昂贵的金属，在少数民族社会，铜也是一种财富的象征，也因为其色彩与黄金非常相近，常常用在服饰品中。如铜钱、铜镜、铜片等童帽上的装饰，尤其是在早期的童帽中，铜材被大量地使用。清末民初时期的童帽中，帽身缀满了无数个直径约1cm的小铜片，帽顶上也镶嵌着精致的小铜镜。每一个小小的铜片薄如纸，中间有小孔，散散落落地缝缀在童帽的绣片上，与花朵、蝴蝶等各种动植物一起饰满整个童帽。小铜镜则比铜片装饰的量要少，主要装饰平顶帽的顶部，每一个小铜镜一般用来固定两个绣片相连接的部位（图5-25）。

图5-25　肇兴镇侗族儿童镶嵌铜镜凉帽

从艺术效果上看，铜片与铜镜像天空中散落的一颗颗亮晶晶的星星，在不同光线的折射下，散发着不同的光泽，女性把对天空与自然的空间关系直观地描绘在童帽图纹中。从工艺的角度看，在清代前还没有机械化生产的情况下，这些小而薄的铜片其纯手工制作工艺非常繁杂。这些精湛的手工艺术品，一颗颗地被缝在童帽上，其价值不仅仅体现在铜自身的工艺、材质上，也体现在母亲一针一线的母爱与温情中。在现代侗族童帽中，小小的圆形铜片已经被塑料材质的星星、花朵等造型代替，它们本身所具有的财富价值已经消失，所代表的一方面是对古老文化中吉祥富贵、美好祈盼寓意的传承，另一方面也延续了侗族女性对自然世界的审美意识，以及母性对孩童的宠爱与保护的美好情感。

2.白银的大量使用

白银是西南地区少数民族共同的装饰材料，银饰也是侗族童帽中的主要装饰品。侗族童帽帽身镶嵌、悬挂象征着吉祥和富有的银链、银铃铛、古钱币、富贵八宝箱、银泡、银树叶、银镶宝石等。如图5-26所示，中央民族大学民族博物馆馆藏的清末民初时期的一款侗族童帽，前额处排列了一排银像和一排银泡。每一个银像上的雕刻纹样各不相同，帽两侧贴着两个圆形银牌，帽后部串着一串铜钱币，整个童帽被银饰所包围。

图5-26 童帽前额的银像和银泡（中央民族大学民族博物馆藏）

众所周知，金银天然不是货币，但货币天然是金银。从财富地位的角度来看，在过去，能戴有银饰童帽的婴儿，显示着家族的富有和身份的尊贵。不仅汉族，在侗族先民中同样有着这样的习俗。《隋书·林邑郡》中记载："诸獠皆然。并铸铜为大鼓，初成，悬于庭中，置酒以招同类。来者有豪富子女，则以金银为大钗，执以叩鼓，竟乃留遗主人，名为铜鼓钗。"❶可见，金银自隋以来已经在南方民族服饰中出现。此外，银饰不仅是一种财富象征，也有着防毒去病的功效。在古代宫廷皇室中，常用银碗银筷作为食具。明代医药学家李时珍在《本草纲目》中记载，银屑可以"安五脏，定心神，止惊悸，除邪气""坚筋骨，镇心明目，去风热癫疾"❷。因此，从功能角度出发，银饰成为侗族母亲们装饰孩童服饰的首选。然而，任何一种装饰都不单纯是实用之物本身，它会在人类的日常生活中逐渐被赋予文化意义和价值。侗族母亲们把银八仙像、银铃铛、银链条等孩童童帽的装饰符号与本民族宗教信仰相联系，道出了白银本身与这些被符号化了的银饰品之间的区别，即银八仙、银铃铛等饰品不只是作为财富的象征、具有除毒等使孩童能够免受物质上的匮乏的效用，还是母亲们自我心灵的慰藉与寄托。因此，侗族童帽的银饰品装饰的任务是双向的，在护佑孩童健康成长的同时，也作为母亲们精神世界的外在呈现。

在现代的侗族孩童童帽中，母亲们依然继承着祖辈们的习俗，装饰着各类银饰品或是类似于银材料的饰品。从实用价值来看，其财富的呈现、实用功能的表达相对于过去要弱化了许多，但其包含的母亲内心世界中对孩童爱的表达依然是丰盈的。银和黄金、玉石比较已经相对易得，但一个孩子的一生一般需要价值几万的银饰品，尤其是对于女孩来说，不仅仅有小时候的帽饰，还有未来出嫁的嫁衣等，价格昂贵。对于有几个孩子的侗族家庭来说，即使负担很

❶ 魏征，等.隋书·林邑郡（卷三十一）[M].中华书局编辑部，点校.北京：中华书局，1973：888.
❷ 滕新才，胡剑斌.论苗族银饰的综合功能[J].黑龙江民族丛刊，2013（5）：144.

重，母亲们依旧会坚持用传统的银饰作为女儿的陪嫁品，但在节日盛装中，则会选择一些替代材料如白铜等作为装饰。如图5-27所示，在现代侗族童帽的装饰中，如白铜、锡铝等材料已经替代纯银成为主流，饰品的数量和种类的繁多也使得童帽更加丰富多样，暗八仙、铃铛、银链、发财箱、银泡等各类装饰品布满了整个帽体，材料上的不拘一格使得母亲们把童帽打造成了一个充满爱的容器。

银铃铛与发财箱　　　　　　　　　　　银铃铛与银鱼

银铃铛与宝石　　　　　　　　　　　银暗八仙与银泡

银暗八仙、银泡与银铃铛　　　　　　　　银泡、银片与暗八仙

图5-27　现代不同地区侗族童帽中类似银材料的饰品

当然，现代的侗族母亲们不再局限于银或类似银的金属材料，玉石也成为她们赋予童帽装饰的一种材质。但玉石不合适大量地用在童帽上，因此常常将其加工切割成薄片饰品或是小面积的单品装饰在童帽中。在湖南通道，广西三江，贵州黎平、榕江等地区的一些侗族孩童童帽上，玉石饰品和银饰品排列在童帽前额处，有的雕刻成八仙，有的则雕刻成类似古钱币的样式，在表面上刻写"长命富贵"等吉祥祝福语，并在两侧打孔，用线绳固定在童帽上，如图5-28①②所示。在童帽前额的八仙或是古钱币排列的中间处，一般放置着一块宝石，象征龙珠，以此保佑孩子健康好运，如图5-28③④所示。

① 玉石材料的童帽饰品

② 玉牌的汉字装饰

③ 童帽中的玉石材料八仙与宝石饰品

④ 童帽中的玉石佛像与宝石饰品

图5-28　侗族儿童童帽中的玉石、宝石饰品

（三）侗族建筑仿生

空间住所与母亲的子宫是孩子最温暖的家。母亲们在创作童帽的过程中，会不由自主地融入家的概念，建筑的空间形态也就自然而然地转移到童帽中。侗族的建筑有着独特的风格样式，人们以木楼为栖身之地，以鼓楼为聚集议事之所，以风雨桥为连接心灵的休闲场所。童帽样式则与侗族建筑在结构和造型上有相似之处，可以视为女性对建筑结构空间的独特模仿。

1.鼓楼结构造型仿生

不同地区侗族女性仿生出的建筑式样童帽各具特色，其中仿生鼓楼建筑结构造型的最为突出，如图5-29所示，贵州黎平地区的童帽帽顶有六个飞檐状帽角，这六个向上弯曲的帽角是由前后两个"斧"、左右两个"山"的几何形状组成，构成立体空间，类似侗族木结构房屋的

鼓楼

童帽裁片

童帽侧面

童帽顶部

图5-29　侗族鼓楼与童帽造型对比

山墙结构。鼓楼四面向上伸展的飞檐造型被放置在帽顶，向四面八方伸展。立体帽顶与孩童的头顶之间形成一个如同侗族鼓楼内部上层的空间，对孩子的头部形成了很好的保护作用，这是童帽对孩子头部保护的第一道防线。童帽檐尖上挂着绒球和流苏，不仅视觉效果突出，也增添更多的戏剧感和童趣。

2.鼓楼外观局部形态仿生

对鼓楼局部外观形态的仿生是侗族童帽造型创意的另一个特色，也是孩童的第二道防护。鼓楼门前的二龙戏珠装饰与侗族孩童童帽前的装饰有着相同的功能（图5-30）。童帽正面"山"形的帽面，其山形尖角像宝塔一样直立在额头部位，山形两个边角向上弯曲，类似鼓楼的飞檐，也与戏剧头盔中的额子有些相像（图5-31）。

图5-30　侗族鼓楼正面二龙戏珠装饰

图5-31　侗族童帽前额山形裁片

童帽的第三道防护即是帽前的银、玉八仙和银泡饰品，侗族童帽中帽檐前都要排列着一系列的八仙像，有的在中间添加一颗红宝石，有的也会用玉八仙来装饰。玉的形象可以是立体的八仙人形，也有的在一个个圆形的玉饼上用线刻出八仙的形状，或者用"长命富贵"四个字来代替人形。八仙下排的帽檐位置上排列着一排银泡，一直沿至帽耳处与八仙呼应（图5-32）。银泡有梅花形和圆形两种，依据母亲自己的喜好来选择。总之，母亲们极尽所能地发挥着自己的想象空间，把身边能够象征或保障孩子健康成长的动物、植物、文字、神像及美好生活的所见所闻都融进小小的童帽中，将其装饰得奢华、富丽堂皇并充满了童趣和对未来生活的希望与祝福。男人们建起了安身的房子、进行族群聚集仪式的鼓楼和休闲娱乐避风雨的风雨桥，而女人们则创作了一个个保护孩童的护身符。

图5-32　侗族童帽正面山形帽面与银八仙、银泡

（四）动物的保佑

侗族母亲们的思维往往是温暖、务实且直观的，她们喜欢把自我的心灵意识、审美思想转化为一种外在的有意味的物件，从而创造出一个龙腾鱼跃、花满芬芳的世界。在童帽的创作中，侗族母亲用飞扬的线条、意想不到的样式等将孩童诗意地装扮起来。她们不仅把喜爱的宇宙万物都植入童帽中，而且将男人们建造起来的建筑，自然界中的各色花草植物，天上的太阳、月亮、星星、龙、凤、鸟、神仙等都聚在一起，组合一个天上人间的大聚会。比如有了阳光花儿才会盛开，所以就用盛开的花来比喻太阳；用自然界中常见的蚕虫躯体比作自

己心中龙的形象来装饰童帽；以鸟的形象描绘凤帽的造型，狗、虎等动物形象做成虎头帽、狗头帽等。

1.凤帽

凤是侗族人们喜爱的一种图腾，在侗族鼓楼的飞檐、风雨桥的廊檐、孩子们的服饰中都会装饰凤纹。在侗族童帽中，凤装饰有两种形式，一种以二维图案的形象出现，另一种是童帽造型上对凤的模仿。一般来说，凤纹是装饰在女童的童帽上，如图5-33所示，榕江木里侗寨女童的凤帽以凤的造型制作而成，整个帽体是两只并列的凤鸟站立在头顶，凤羽呈立体状，每一根凤羽上又装饰着不同颜色的丝线球，凤尾部悬挂着彩色丝线流苏。帽的前额处有序地镶嵌着宝石和玉石材料的暗八仙雕塑，童帽后部则悬挂银铃铛、银鱼、银树叶、银宝箱等流苏装饰物，整个帽体伴随着女童走路的姿态在风中摇曳，发出清脆悦耳的声音。凤帽的佩戴使得女童在节日中显得隆重而又充满生机。

图5-33　榕江侗族女童的凤鸟形态童帽

2.虎头帽

在各个民族中，虎、猫、狗等动物都是母亲们设计制作童帽时不可或缺的主题。在我国的传统文化中，虎、猫有着驱邪的功能，虎文化在侗族童帽中也是不可少的一部分。

侗族母亲们运用立体与平面结合的手法创作出各种不同形态的虎头帽，从穿戴季节来分，有两种类型，一种是夏季虎头凉帽，另一种是冬季虎头暖帽。夏季虎头凉帽的立体部分用虎的两只耳朵来表示，如图5-34所示，在帽的顶部两侧伸出两只立体的耳朵，耳朵内侧贴上羊毛模拟虎毛，耳朵边缘悬挂珠串流苏。帽额部用绣片镶嵌成虎的面部五官和胡须，虎的眉宇之间缝缀上一朵立体的丝绸卷曲的花瓣花，里面装上一些桃树枝或者一些红黄丝线等装饰虎头。

图5-34　侗族男童夏季虎头凉帽

　　帽顶部分装饰比较简单，如图5-35所示，可以是镂空的状态，虎头部分遮盖着孩童的囟门部位，孩童的头顶裸露出来，与帽体融合为一体。帽顶也可以用单层棉布封顶，如图5-36所示，用薄薄的棉布将虎头帽的顶端封盖，形成一个完整闭合的童帽造型，也有些地区喜好用纱网作为童帽封顶的材料。

图5-35　侗族儿童佩戴头顶镂空的夏季虎头凉帽

图5-36　侗族儿童佩戴封顶的夏季虎头凉帽

　　冬季虎头暖帽在寒冷的冬季给孩子遮风挡雨，也常常被称为风帽，其造型主要模拟虎的整体形象，以虎头与虎身作为整个帽子的组合样式，帽身长至后背，整个帽身布满刺绣纹样并悬挂着银花、银铃铛、银宝箱等，帽尾呈尖形，有些地方还在虎头冬帽的尾部尖端悬挂一串铜钱作为尾部的装饰。虎耳是由折叠帽身的绣片缝制而成，虎头顶部有三根直立的弹簧支撑着银花与银铃铛，随着身体走路的摇摆而晃动。帽的前额即虎的面部，由山形的二龙戏珠绣片、银八仙、银泡装饰组合而成，与前面的建筑类童帽相似（图5-37）。

正面

背面

图5-37　贵州榕江晚寨侗族儿童虎头暖帽

3.狗头帽

狗是侗族人民生活中最常见的动物之一，在侗族村寨，家家户户都有狗，寨头村尾随处都能看到狗。东晋干宝的《搜神记》记载了关于盘瓠的神话传说："盘瓠将女上南山，草木茂盛，无人行迹。于是女解去衣裳，为仆竖之结，着独力之衣，随盘瓠升山，入谷，止于石室之中。王悲思之，遣往视觅，天辄风雨，岭震，云晦，往者莫至。盖经三年，产六男、六女。盘瓠死，后自相配偶，因为夫妇。织绩木皮，染以草实。好五色衣服，裁制皆有尾形，后母归，以语王，王遣使迎诸男女，天不复雨。衣服褊裣，言语侏离，饮食蹲踞，好山恶都。王顺其意，赐以名山，广泽，号曰蛮夷。蛮夷者，外痴内黠，安土重旧，以其受异气于天命，故待以不常之律。田作，贾贩，无关繻，符传，租税之赋。有邑，君长皆赐印绶。冠用獭皮，取其游食于水。今即梁汉、巴蜀、武陵、长沙、庐江郡夷是也。用糁，杂鱼肉，叩槽而号，以祭盘瓠，其俗至今。故世称'赤髀，横裙，盘瓠子孙。'"[1]北魏郦道元《水经注》中记载，盘瓠的六双儿女"自相夫妻"，繁衍后代，曰五溪蛮。五溪指的是"雄溪、满溪、沅溪、酉溪、辰溪。"宋人朱辅也在《溪蛮丛笑》中载："五溪之蛮，皆盘瓠种也。"作为盘瓠后裔、五溪蛮之一的侗族族群，把对祖先的崇拜用古歌、服饰、舞蹈等日常生活形式记录下来，以期望得到祖先们的护佑，狗头帽便是侗族母亲们创造出的最为突出和直观的祖先崇拜符号之一。母亲们常常用狗的形象制作成童帽，头上伸展出两只耳朵，额前镶嵌八仙和宝石，两侧悬挂彩色丝线流苏，脑后悬挂鱼、宝箱等物件，以此保佑孩童健康成长（图5-38）。

图5-38 贵州榕江县乐里镇侗族孩童镶嵌八仙、宝石的仿生狗头帽

综合以上各类童帽的构造与装饰，可以感受到侗族女性母爱的深沉而伟大。母亲们把内心最细腻、温暖的地方化为自然万物描绘在孩子的每一个物件中。侗族童帽融入了母亲们对孩子

---

❶ 干宝，陶潜.新辑搜神记（卷二十四）[M].李剑国，辑校.北京：中华书局，2007：401.

最温暖、朴素的情感，将侗族母亲们所制作的仿生童帽放置在一起，从不同的角度都能展现出不同母亲们的一个个细腻情感的表达（表5-2）。

表5-2　侗族地区各种动物仿生帽的穿戴样式汇总表

分类	正面	侧面	顶部	背面
夏季凤帽				
冬季虎头帽				
夏季虎头帽				
冬季花帽				
冬季狗头帽				

第二节　母背上的温暖

孩童自母腹中出生，便是与母亲身体分离的开始。在孩童与母亲身体逐渐分离的过程中，母亲会不断地创造出母子之间联系的语言、文字以及器物，以此来记录他们除了血缘之间联系之外的精神上的寄托，如孩童的乳名、牙牙话语、儿歌等精神产品；衣食住行中饮用的奶瓶、碗勺等器具；婴儿的包被、童帽、童鞋、肚兜等穿用物件。其中，背扇是母亲们对孩子展现母爱最直观的一种物件之一，是象征母亲与孩子之间的血脉关系的特殊器物。

一、襁褓

襁褓，即背扇，通俗的意思是背缚孩子的衣带，又称背带、背篼、包背、裹背等，不同的区域有着很多自己独特的方言称呼，古语中也有繦（襁）负、繦（襁）保、襁葆、褓襁等记载。繦、强同襁，保、葆等同于褓。《史记》卷三十三载："其后武王既崩，成王少，在强葆之中。索隐：'强葆即襁褓，古字少，假借用之。'"❶襁褓的形成主要包含物质与精神两种意义，一种是从材料本身所赋予的意义，另一种是人们所赋予的象征意义。

（一）襁褓的材料

襁褓是古人用来背负婴儿的器具，其材质有竹片和布帛两种类型。《说文解字》释义："襁，负儿衣也。从衣，强声。緥（褓）也，从衣，音声。《诗》曰，'载衣之襓。'臣铉等曰：'緥（褓）即襁緥（褓）也。今俗别作褓，非是。'"❷《论语》子路曰："夫如是，则四方之民，襁负其子而至矣，焉用稼？……'繦（襁）负'的'繦（襁）'，同襁。……负者以器曰襁。"❸《说文解字》释义："繦（襁），褓类也。""卝"有劈成片的竹木之意，褓可引申为竹片编制而成的器具，因此可以推测竹片是襁的材料之一。皇侃义疏："负子以器而襁。苞氏曰：负者以器，曰襁也。注疏：襁者，以竹为之，或云以布为之。今蛮夷犹以布帊裹儿，负之背也。"❹从这几篇文献中可以看出襁是以竹器为材质的一种背负婴儿的器具。又有《后汉书·清河孝王庆传》（卷五十五）清河孝王庆载："邓太后以殇帝襁抱，远虑不虞。"李贤注曰："襁以缯帛为之，即今之小儿绷也，绷音必衡反。"❺缯是古代对丝织物的总称，缯帛则是古代帝王襁褓的主要材质。这里，襁的材料则是以织物为主，用来包裹婴儿的器物。

综合以上文献的不同阐述，概括来说，襁是背负婴儿的器物，既可以是竹木等片状材质编织而成，也可以是缯帛、布缝制而成，且有了具体的尺寸大小的记载。这三种材质的襁褓在经历了漫长的岁月之后，依然存留在现代的一些地区，如今天的云南、四川、贵州、湖南等地区不仅保存着用布帛、绣片等制作背带的习俗，也保存着用竹片编织而成的背篓来背负幼儿的习俗。

❶ 司马迁.史记（卷三十三）[M].中华书局编辑部，点校.北京：中华书局，1982：1518.
❷ 陶生魁.说文解字点校本[M].北京：中华书局，2020：265.
❸ 刘宝楠.论语正义（卷十六）[M].高流水，点校.北京：中华书局，1990：525.
❹ 皇侃.论语义疏（卷七）[M].高尚榘，点校.北京：中华书局，2013：329.
❺ 范晔.后汉书（卷五十五）[M].李贤，等注.北京：中华书局，1965：1803.

（二）襁褓的构造

襁褓作为器具，由竹片和布帛等材料构成，结构上则由包被与绳络两部分组成。包被是襁褓的核心。在《后汉书》卷二十九中载："今圣主幼少，始免襁褓"，李贤注曰："繦（襁），落也。緥（褓），被也。'緥'或作'褓'也。"（卷三十七·桓郁传）又载："昔成王幼小，越在襁保"，李贤注曰："襁，络也；保，小儿被也。"襁指的是绳带的意思，緥（褓）、保是指包裹幼儿的布片，类似婴儿包被。

襁的大小尺寸在文献中亦有记载。如《论语正义》中引段注曰："吕览明理篇，'道多繦（襁）緥（褓）'，高注曰：'繦（襁），褛格上绳也。'褛即缕，格即络，织缕为络，以负之于背，其绳谓之繦（襁）。博物志云'织缕为之，广八寸，长二尺'，乃谓其络，未及其绳也。"[1] 即绳带宽有八寸，长有二尺。在《史记·卫将军骠骑列传》中载："臣青子在繦（襁）緥（褓）中。"正义："襁，长尺二寸，阔八寸，以约小儿于背。褓，小儿被也。"[2]《玉篇·衣部》中曰："襁，襁褓，负儿衣也。织缕为之，广八寸，长二尺，以负儿于背上也。"[3] 由此可以推测婴儿襁褓的背带约有八寸宽、二尺长。

依据田野考察来看，侗族背带的结构依然保存着古时的长度与宽度。关于古代侗族孩童背扇，在《皇清职贡图》一书中记录了古代陆川县山子瑶女子用背扇背负婴儿的图像。陆川县自秦时期以来隶属于郁林郡、苍梧郡，即今天的玉林市，也是古时百越民族中的西瓯、骆越两个支系的居住地，即壮侗语族居住的地方。

（三）襁褓、襁负的象征

襁褓与襁负都是背负婴儿的器物，襁负是强调人们背负婴儿的状态。《论语义疏》（卷十·尧曰）："故为天下之民皆归心，繦（襁）负而至也。"[4]《后汉书》中载："申命百姓，各安其所，庶无负子之责。"李贤注曰："百姓襁负流亡，责在君上。……青、徐荒饥，襁负流散。"[5] 不论是"繦负而来"，还是"襁负流散"，这里的襁负不仅描述了百姓们用背带背负着婴儿走路的状态，也记录了他们的生活状态。

从技术文化的角度来看，襁褓是一种和婴儿相关的器具，具有实用而方便的功能，既可以作为保暖工具，又可以作为交通工具。幼儿从离开母胎到独立走路之前，需要在母亲的怀抱中成长，人们要解放双手，将孩子背负于背上是最好的方式。

---

❶ 刘宝楠.论语正义（卷十六）[M].高流水，点校.北京：中华书局，1990：525.

❷ 司马迁.史记（卷一百一十一）[M].中华书局编辑部，点校.北京：中华书局，1982：2926.

❸ 程嘉."背扇"与"狗头帽"：贵州苗族儿童配饰研究[J].美与时代（中旬刊）·美术学刊，2012（4）：56.

❹ 皇侃.论语义疏（卷第七）[M].高尚榘，点校.北京：中华书局，2013：520.

❺ 范晔.后汉书（卷五十五）[M].李贤，等注.北京：中华书局，1965：519，2129.

从文化符号学视角出发，襁褓是孩子脱离母亲之前的第二个家，它是母亲和孩子之间物质与精神的共同纽带，既作为母亲子宫的象征，也常常被直接指代为婴幼儿。在很多的古籍文献中，常用襁褓来比拟幼小的婴儿，也由此成为婴幼儿的象征性符号。如《淮南子》中记载"襁褓，包裹婴儿的小被"。《史记》不同卷册中，都记载了襁褓的特征："（卷三）中有'三岁社君，谓在襁褓而主社稷'。（卷二十八）索隐：'周成王初立，未离襁褓……'（卷四十九）又曰：'青三子在襁褓中，皆封为列侯。'（卷六十）载：'皇子或在襁褓而立为诸侯王，奉承天子，为万世法则，不可易。'（卷一百一十一）载：'臣青子在繦（襁）緥（褓）中。'"❶《汉书》（卷八十）载："今东平王出襁褓之中而托于南面之位"。❷《后汉书》（志十五）："是时帝（殇帝）在襁抱，邓太后专政。"❸这里"襁抱"同"襁褓"，意指皇帝还是哺乳中的婴儿，襁褓也成为象征符号。《宋史》："婆儿始十岁，妹方襁褓，托邻人张氏乳养。"《隋书》中载："于是穆子孙虽在襁褓，悉拜仪同。""弘初在襁褓，有相者见之……"❹综上所述，自古以来，在不同的历史时代，无论是百姓们襁负而走，还是帝王襁褓之中而立天下、臣子襁褓受封等相关记载，襁褓、襁负作为婴幼儿的固有代名词，是母亲与婴幼儿之间关系纽带的象征，成为一种侧面记载社会现象的表达方式。人们运用襁褓这一独特的物化符号记录了不同阶层人群的生活现实和状态，使得其具有表现性服饰的功能，拥有了社会意义与价值。

二、现代侗族背扇

侗族背扇是婴儿自母胎出生之后母亲所给予的第二个安全而温暖的家，是母亲给予孩子初次看世界的特殊"交通工具"，与人类学家常常将文化称为人类的体外器官一样，背扇也如同连接母亲与孩子的体外子宫。母亲们大部分时间是将婴儿背负在背上，从清晨起床做饭，白天去坡上干活，到晚上纺织、染布、绣花等各种日常活动，背扇不仅是母亲们最大的帮手，解放了母亲的双手，为生产、生活带来了便利，也是母亲和婴儿不分开的纽带。因此，母亲们对背扇的设计与制作也倾注了她们对孩子全部的爱。

（一）侗族背扇的构造

侗族背扇从构造上分可分为三类，第一类是由背扇心、背扇面、夹裆片与布带四个部分组成；第二类是由背扇面、夹裆片和布带三个部分组成；第三类是由背扇面、背扇心和布带三部

❶ 司马迁.史记（卷三十三）[M].中华书局编辑部，点校.北京：中华书局，1982：98，1980，2109，2926.

❷ 班固.汉书（卷八十）[M].颜师古，注.北京：中华书局，1962：3322.

❸ 范晔.后汉书（志十五）[M].李贤，等注.北京：中华书局，1965：3309.

❹ 魏征，等.隋书（卷三十七）[M].中华书局编辑部，点校.北京：中华书局，1973：1117，1297.

分组成。我们分别从造型结构、装饰语言等几个方面来分析侗族背扇中的母爱表达。

1.三种背扇的构造

（1）背扇心、背扇面、夹裆片与布带组合的背扇。这一类背扇的造型是侗族背扇中比较传统的类型。背扇面、背扇心和夹裆片如同人体的躯干，构成背扇的主体部分，布带条则像人的四肢，构成背扇的经脉。如图5-39所示，背扇面结构以长方形为主，其长度能够从婴儿的背部一直到母亲的后颈处，两侧边角各有一条细带。背扇面有正反两面，母亲们喜欢在背扇正面刺绣上精致的纹样，有的则喜欢在正反两面都进行装饰。

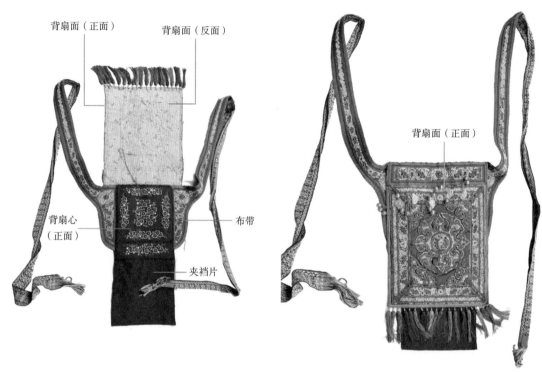

图5-39　侗族儿童背扇结构

孩童的背扇面与背扇心是每个母亲表现自己手工缝制技艺与注入个人情感的一个特殊部位。背扇面是用来保护儿童背部和头部，既可以遮蔽阳光、遮挡风雨，也可以托住婴儿头部，使其在睡觉时不至于后仰晃动、没有依靠。在母背上的婴儿醒着时，婴儿的头部裸露在外，可以看到外面的世界，背扇面处于闲置状态。如图5-40所示，当婴儿睡着时，则将背扇面从孩子的后背拉上来，两角的带子在母亲的前胸处系结，兜住婴儿头部，起到固定、支撑头部不向后方、左右两侧倾倒的作用，使得孩子能够安然地熟睡。

图5-40　黎平县黄岗村侗族女子用背扇背孩子的样式

（2）背扇面、夹裆片和布带构成的背扇。这一类背扇在结构上将背扇心与布带巧妙地融合成一体，装饰纹样略显简单。如图5-41所示，湖南通道侗族儿童背扇造型上，背扇面和夹裆片作为独立结构，背扇心则和两侧布带合并成一个整体，连接着背扇面和夹裆片，与图5-40的背扇相比，布带变宽，夹裆片则由宽变窄。

（3）背扇面、背扇心和布带构成的背扇。这一类背扇忽略夹裆片，主要强调背扇面、背扇心和布带三个部分。如图5-42所示，贵州从江洛香一带的背扇，只保留背扇面、背扇心和布带条三个部分。这三个部分的装饰非常丰富，布带条分为上中下三组，均由织锦带作为布带条的主要装饰成分，构成了背扇的绑缚功能。背扇面以满绣纹饰以及菱形构图为特色，背扇心呈长方形，是整个背扇面积最大的一个主体，四角和边缘都镶嵌着刺绣纹饰。在用这类背扇背负孩童的时候，一般会给孩子包裹一个婴儿被，再将孩子背负在背上。

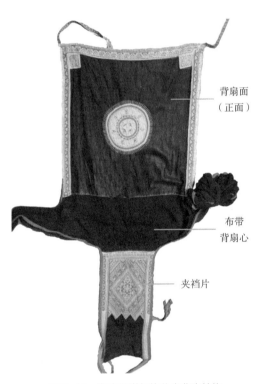

图5-41　湖南通道侗族儿童背扇结构

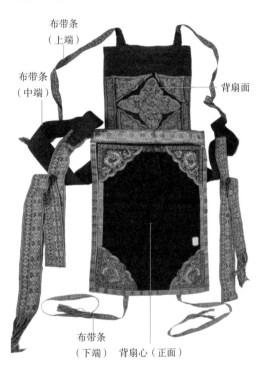

图5-42　从江县洛香镇侗族儿童背扇结构

2.背扇局部装饰与结构特征

（1）背扇面装饰特征。背扇面的装饰风格也是其特色之一，不同区域的侗族背扇常常通过背扇面装饰来区分。有的是把纹样装饰在正面，有的则装饰在反面，而有的正反两面都装饰纹样。不论哪个区域的背扇，背扇面上的装饰纹样都没有完全相同的，即使同一个村寨母亲们绣的纹样造型相同，也会在色彩配色、纹样的局部有一定的区别，有的是独立纹样装饰，有的是角隅纹样装饰（图5-43）。这些装饰纹样都是吉祥的标志，在侗族传统习俗中，孩童背扇一般是女孩还没出嫁的时候，在母亲的指导下缝制完成，直至出嫁之后，孩子出生，在婴儿满月时会做一个"打三朝"仪式，将背扇作为娘家一方赠送给婴儿的礼物。

图5-43　侗族不同地区背扇面装饰风格

今天的侗族地区，年长的女性仍亲手缝制背扇，年轻的妈妈们则有的从街上购买半成品，如背扇面的刺绣样板、布带条的绣片等，也有的是买来成品直接使用。此外，母亲们也常常在背扇面上挂铜钱、丝线流苏等辟邪之物（图5-44），也有的侗族母亲们在背扇面上挂桃木枝。如图5-45所示，贵州黎平尚重镇盖宝侗族的年轻妈妈在孩子的背扇上缝上一个红色三角包和红线缠绕的圆环，三角包里包裹着艾叶、红丝线，圆环则是由细桃木枝上缠绕红丝线而成。她们在背扇面上做各种装饰的愿望与目的都是相同的——护佑婴儿健康长大。

（2）布带特征。布带是背扇与人体连接的主要部分，在汉族儿童背扇中，常常用一条长布带，背扇面和夹裆片则被省略。侗族背扇的布带总共有六条，背扇面上端缝制两条带子，带子上用侗锦带或刺绣装饰。中间的布带有两条，总共有三种结构，贵州黎平地区背扇的布带条由两个独立的类似镰刀形状的绣片与布带组成，像两条臂膀一样镶嵌在背扇心的两侧（图5-46）。

图5-44 背扇面挂铜钱、丝线流苏等装饰

图5-45 背扇面挂桃木枝、红线装饰

镰刀样式布带的背扇

镰刀样式的布带

六根布带条背扇

图5-46 背扇的镰刀样式布带与六根布带条

广西三江与湖南通道地区侗族背扇的布带与背扇心是一体的。如图5-47所示，广西三江县同乐镇的侗族儿童背扇上的布带是一条宽30～35cm、长约230cm的侗布，横穿在背扇面和夹裆片之间，以此为中心，两侧延伸约100cm长的带子。

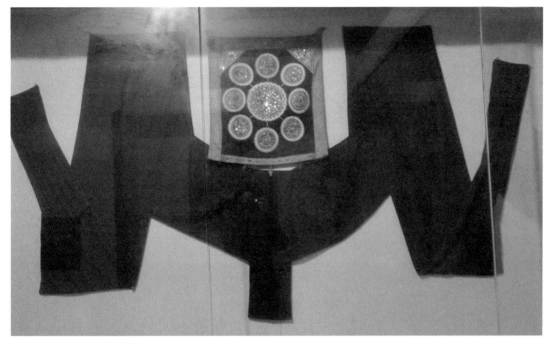

图5-47　广西同乐镇侗族背扇布带与背扇心融为一体的背扇造型

（3）背扇夹裆片特征。夹裆片是背扇中实用性较强的部分，其功能是一半托住婴儿臀部，另一半穿插在婴儿裆部，使得婴儿在母亲背上如同坐着的状态。有些背扇是把夹裆片和布带结合成一个整体，包裹支撑婴儿臀部。所以背扇的夹裆片是决定背扇样式和造型结构的一个主要部位。有夹裆片的背扇常常是正T形，而以夹裆片和布带合二为一的背扇则有倒T形和长方形两种。

从背扇的结构造型、制作工艺、背负捆绑的方式中，能够感受到侗族女性在强调背扇的实用性能的同时，也表现出她们无处不装饰、无处不捆绑的审美特征。无论是背扇隐藏的结构，还是裸露的部位，都精心地装饰上色彩斑斓的纹样。如长长的背带，在肩部、胸部等视觉焦点之处的刺绣或织锦纹样将长背带装饰得精致无比。背扇面一般在婴儿熟睡的情况下再翻转过来遮盖头部，平时都是悬垂在背扇心上，但母亲们依然把背扇面装饰得满满的，丝毫不放弃每一个角落。背扇面和夹裆片四角的短布带，虽然都是很小的部位，但都是由彩色的侗锦织条或刺绣挑花装饰而成。因此，制作一条较好的背带，往往需要花上好几年的时间。

笔者在田野考察中所获得的背扇资料，仅仅是千万个侗族背扇中的冰山一角。贵州、广西、湖南的不同侗寨，几乎每一个侗族家庭都有一个或几个背扇，有的已经传承了好几代，有的则是"80后""90后"年轻妈妈们的新作品，它们有的看似相同，但又不完全一样。侗族儿童背扇从外观廓型来看可归纳出三种：T形（图5-48）、长方形（图5-49）、梯形（图5-50）；从装饰角度看，可分为节日背扇和日常背扇；从结构上分为二维和三维两种形态。

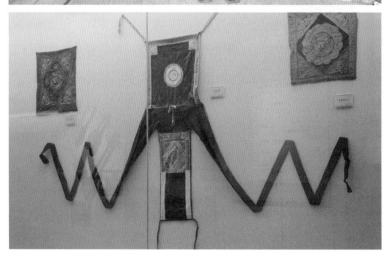

图5-48　T形背扇

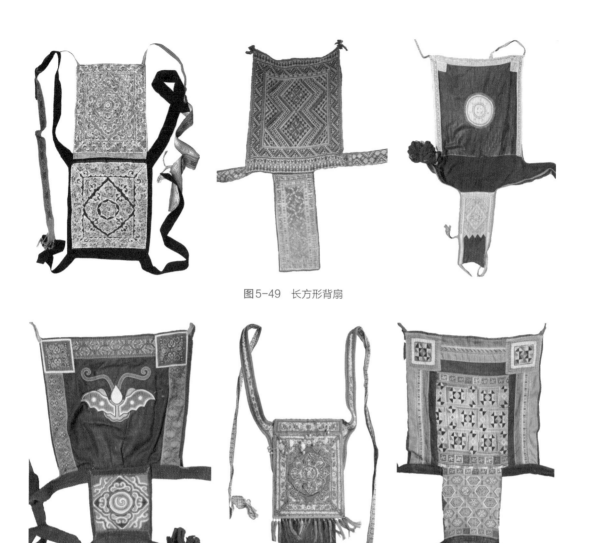

图5-49　长方形背扇

图5-50　梯形背扇

（二）母背上的世界

　　背扇的制作、造型、装饰以及背负过程都充满了母爱与智慧。我们走在侗乡的不同村寨，随时都能碰上背负婴孩的侗族女子，有的是孩子母亲，有的是孩子母亲的母亲。背扇也各不相同，有用简便的围裙制作的背扇，有织锦面料制作的背扇，也有刺绣得非常精致的背扇，大小、材料、纹样、款式以及复杂程度都各不相同。如图5-51所示，不同侗寨背着婴孩的女子，囊括了侗族女子的各种日常：染布晾布、上坡干活、节日聚会、夏日闲谈、日常家务等。孩子在能独立行走之前，几乎都是在母亲背上长大的，背扇连接着孩子与母亲，像一个移动的家。孩子随着母亲走路、干活而安然入睡，又会随着母亲的说话、运动的节奏醒来。睡着的时候，母亲用体温给予孩子温暖，背扇的盖头又能够为他们遮光挡风保暖；醒着的时候，又能够随着母亲在田间地头、屋里屋外、邻里乡里的移动中看世界。母亲的爱无声无息地渗透在婴孩慢慢长大的每一分钟里，背扇成就了母亲的爱，也承载着母亲对孩子的陪伴和抚育。

图5-51　不同侗族村寨妇女用背扇背负婴孩的场景

侗族母亲用背扇背负婴儿有两种方式：一种是先用小被包裹好孩子再用背扇背负，另一种是直接用背扇包裹着孩子背负在背上。背负的过程也较为独特，如图5-52所示，母亲将背扇长长的布带条越过两肩至前胸处交叉之后，从乳房下方绕回到后腰的婴儿臀部处，两条长布条再交叉向下各自穿插到孩子的腿弯处，再向内经过自己的后腰两侧回到前腰围处系结固定。背扇的长布带条在母亲与孩子身体之间交叉缠绕三次，系结于前腰；夹裆片两端的细布带条绕过母亲两侧腰部在前腰处系结；孩子熟睡时，背扇面两端的细布带条也越过母亲的两肩在前胸处系结。

从整个背负的过程来看，缠裹的方式是将孩子固定在母亲背上，用布带条固定孩子是背扇的主要功能。不过从孩子的头部到臀部，每一个部位母亲们都按照孩子的身体结构进行了精心的考量与设计，长布带条的前半部分用了绣片和绗缝增加其宽度与厚度，缓解布带条对婴儿腋

图5-52　侗族女性使用背扇背负孩子的过程

下的摩擦，也减轻了母亲肩部的压力；布带条的后半部分则使用柔软的侗锦带，其柔软性使得布带条易于缠绕和系结。上下细布带条也是用柔软的织带制成，在绑缚与缠绕过程中减轻婴儿和母亲身体与布带条之间的摩擦。从中可以看出，母亲在制作背扇的时候，对每一个细节都经过了精心的考虑与设计。

综上所述，从古代襁褓、襁负的探讨到对我国西南侗族地区的背扇的分析可知，自汉代以来不论北部中原地区还是南方百越地区，背扇已经成为我国古代养育孩子必不可少的物品。作为物质生活方面，生活在西南地区的山地居民，用背扇包裹着孩子，背负在母背之上，有着保暖孩子和解放母亲双手的功能，它不仅是连接孩子与母亲之间的纽带，也是母亲们日常劳作、跋山涉水远行时的必备工具，这种功能与习俗依然保留在现在侗族背扇的文化中。

此外，作为文化意义，不论是古代的帝王将相，还是民间百姓，襁褓或背扇都是表现婴幼儿人生阶段的特殊符号。幼时周成王、卫青之子还是宣帝之孙，都称为襁褓。侗族家庭的新生儿诞生，满月的时候都要举行诞生仪式"打三朝"，母方不仅送来祝米，还有送童帽、背扇、婴儿包被等习俗。背扇是这一仪式中的重要物品，母系一方送背扇给新生儿是诞生仪式的重要环节。背扇是一个侗族家庭母系之间一代代传承的符号，记载着母亲、女儿之间的血脉连接，更是侗族母系氏族社会文化中"以母为大"的象征符号。安妮·霍兰德曾说，服饰不只是简单的质料集成，它还是一种抽象的符号象征，能够连接具体时代的社会文化、艺术表现与话语系统，它所蕴涵的社会意义早已超越了其本身的物质性。因此，可以说不论是古代还是现代，侗族孩童外在母性文化符号象征的代表莫过于襁褓了，也由此形成了一个非常有意味的、童趣化的襁褓，即背扇文化。

第三节　围涎上的宠溺

围涎，又称围兜、口水围、围嘴儿等，侗语叫 bei gangc（呗昂）。它是在颈、肩处佩戴的一个部件，用以遮挡婴儿口水，以免打湿衣服领口和前襟。其样式与中原儿童围涎相似，与侗族女性披肩、男性芦笙衣上的肩垫也相近，亦称为小云肩，是侗族女性的母爱在孩子服饰语言中最直观的呈现。现代侗族儿童围涎从形态上来看有三种：肩垫式、组合式、坎肩式。

一、侗族儿童围涎造型

（一）肩垫式围涎

肩垫式围涎的外轮廓形态可概括为圆形、花瓣形。这两种造型的围涎独立于服装结构之外，一般是穿戴在儿童外套的颈脖之上，依照儿童的肩部大小而变化，宽度以不超过肩点为标准，领口大小按照每个孩子的颈围而定，直径为8～9cm。

1.圆形肩垫式围涎

侗族圆形肩垫式围涎造型简单，整体上领口与外边缘都呈圆形，其主要结构特征是由4～6个小的扇形绣片拼接成一个整圆，既有色彩上的拼接，也有结构上的拼接。如图5-53所示，广西三江侗族儿童圆形围涎的正面，由6个面积相等的扇形绣片拼接成整圆形状，每一个小的扇形布片上的图案与大小相同，但扇形底色则以蓝、白、红三色来区分，间隔拼接。反面则是一个整圆形的底部，边缘包边将正反两面合成一个整体。另外一种结构是由4个面积相等且独立的扇形组合而成，扇形与扇形的边缘用缝线连接，留有一定的空隙。如图5-54所示，贵州从江侗族儿童围涎，由两个蝴蝶纹绣片和两个石榴花纹绣片组合成一个圆形儿童围涎。

图5-53 广西三江县侗族儿童6个绣片组成的圆形围涎　图5-54 贵州从江县侗族儿童4个绣片组成的圆形围涎

2.花瓣形肩垫式围涎

花瓣形肩垫式围涎顾名思义就是整体外形如同一朵盛开的花，由一个个扇形的花瓣组成，花瓣上有蝴蝶在花之间飞舞，有鸟儿在枝头停留，有盛开的连枝花，更有含苞欲放的花蕾。其外形构造与圆形围涎相近，花瓣数量不定。如图5-55所示，两个花瓣组成一个扇形，四个扇形组成一个八瓣花围涎。如图5-56所示，蓝色六瓣花围涎，正面是一整块六瓣平面式的蓝色花

图5-55 侗族儿童八瓣花围涎

形，上面辅之以白色绗缝线花纹分布在每一个花瓣上；反面也是一整块六瓣蓝黑色花形，中间则镶嵌硬纸板或袼褙，花瓣边缘用红色棉布包边，正面花瓣之间用绗缝线将正、反面和中间夹层三者固定，形成了一个质地硬挺平直的蓝色花围涎。六瓣花围涎开口放置在后颈处，用两根线绳系结固定住开口，儿童穿戴起来比较方便，当前襟处被口水打湿之后，可以旋转至干燥的一边继续使用。

（二）组合式围涎

组合式围涎共有三种类型，包括肚兜式围涎、T形围涎和八角形围涎。

第一种是圆形肩垫式围涎与方形肚兜拼接，可称为肚兜式围涎。肚兜式围涎的特点是能够遮覆领口与前胸部位，如图5-57所示，开口在后颈处，以一字型盘扣连接，满纹装饰，在腋下两侧装上两根细带，向后围系打结，将整个服装正面都遮挡在里面，孩子在吃饭、玩耍的时候，起到了很好的防护作用。

第二种是方形围涎与方形肚兜拼接，类似倒T形，可称为T形围涎。T形围涎的好处是可以护住孩子的整个前衣片，但不能像独立式围涎那样任意旋转方向。如图5-58所示，上部是长方形肩垫围涎，开口在肩线处，下端拼接一块长方形的布片，两侧各缝一根带子，方便围系。

第三种是八角形围涎，其造型是由两个正方形错叠组合成八角形状。八角形围涎把拼布工艺与结构巧妙地组合在一起，虽然视觉上看似是一种平面效果，但却有着严密的数理逻辑（图5-59）。穿百家衣、吃百家饭不仅仅是汉族的风俗习惯，侗族也有相同的习俗，我们从儿童的这几款围涎中能够看出侗族母亲们也在坚守着这种传统习俗。

正面

反面

图5-56 侗族儿童蓝色六瓣花围涎

图5-57 肚兜式围涎

第五章

母爱的守护：侗族儿童服饰

图5-58　组合式的T形围涎

图5-59　两个正方形错叠而成的八角形围涎

（三）坎肩式围涎

坎肩式围涎的造型包括围裙形坎肩式围涎、方形坎肩式围涎两种。

围裙形坎肩式围涎，外观与无袖坎肩相近。如图5-60所示，前片是一个整体，后片分开，中缝处系带，类似围裙。坎肩的前后片均为整片，在两侧用盘扣连接固定（图5-61）。冬天穿在外套外面，不仅可以遮挡口水等，保持外套的清洁，还可以起到保暖的作用。

图5-60　湖南通道县侗锦材料的围裙形坎肩式围涎　　图5-61　贵州黎平县侗族刺绣与贴布的围裙形坎肩式围涎

方形坎肩式围涎是侗族儿童围涎中比较有特点的一个类型，有长方形与正方形围涎。长方形坎肩式围涎因材料、工艺、色彩以及纹饰不同而各有特色。如图5-62所示，有拼布与侗族彩锦组合而成的围涎，有素色侗锦为材料、边缘添加流苏的围涎，也有纯粹以彩色侗锦为材料的围涎等。

图5-62 湖南通道县侗族儿童方形坎肩式围涎

二、围涎的工艺与材料

（一）围涎的工艺

侗族儿童围涎工艺丰富而有特色，包括不同面料拼接而成的百衲布围涎，彩色和素色侗锦拼接而成的围涎，贴绣、挑绣围涎等。有的正面用不同色块棉布对称拼接而成，中间层用碎布片绗缝成块状，加上围涎的里布，绗缝成一个整体，在面料和里料相合的边缘处用红色布条包边，形成一个稍有厚度、硬度的围涎，既能够使其围在孩子颈部周围时有形，又能够使得口水不容易渗透到衣服上。有的是在正面剪成花瓣形状，边缘用锁绣工艺缝合，镶嵌两条蓝、红彩色线，再用细线将彩色线固定在面料上，形成多色线装饰亮布贴边。亮布表面有像皮质一样的胶状，同样也使得儿童的口水不易渗透，亮布的暗红色和边缘的彩色线装饰又突出了孩子的天真与童趣。

（二）围涎的材料

围涎以纯手工棉布、侗锦以及亮布为主要材料，彩色丝线、丝绸面料等为辅助材料。如表5-3所示，一部分肩垫式围涎喜欢用白色的纯手工棉布为底色，再在其表面添加彩色的刺绣纹样作为装饰，装饰工艺基本上以绗缝刺绣为主，绗缝使围涎表面更加耐磨牢固，一般采用亮色的线密密地绗缝成连枝花的纹样，很少在表面上进行立体的装饰。一部分组合式和坎肩式围涎中喜欢用侗锦作为主要材料，局部使用拼布或者刺绣作为装饰。同时，在方形围涎中也有采用类似童帽装饰的，如在后背边缘处装饰一些彩色丝线流苏和方孔铜钱等，装饰纹样富有吉祥如意、健康成长的祝福之意。

表5-3　侗族儿童围涎样式与种类

结构	形状	种类
肩垫式	圆形	
	花瓣形	
组合式	T形	
	肚兜形	
坎肩式	围裙形	
	方形	

第四节　成人服饰的模仿

童帽、背带、围涎是侗族孩童服饰中的一道靓丽风景线，也是母爱的集中表现。除此之外，侗族孩童服装的造型也是母亲们爱护孩子的另一种表现。侗寨孩童服装根据年龄不同划分为三个阶段：1岁之前的肚兜、婴儿衣，2~3岁的和尚衫，3岁以后的开衫与大襟外套。

一、侗族婴儿贴身衣

（一）一方布肚兜

肚兜、婴儿衫都是贴身小衣，一般无性别之分，不论男孩女孩都会穿着类似的贴身小衣，其主要特点是面料柔软、结构舒适，能够保护婴儿娇嫩的皮肤。刚出生的婴儿皮肤非常柔软脆弱，服饰的面料和款式对皮肤保护有着重要影响。据孙思邈在《千金方》中记载："凡小儿始生，肌肤未成，不可暖衣，暖衣则令筋骨缓弱……""生男宜用其父故衣裹之，生女宜用其母故衣，皆勿用新帛为善，不可令衣过厚，令儿伤皮肤，害血脉，发杂疮而黄。儿衣绵帛，特忌厚热。"❶可见，古人对新生婴儿的服装从面料到款式都非常注重。侗族婴儿出生时，一般用父母或者邻居、亲戚家小孩的旧衣服来做成肚兜或小衫贴身穿戴，再用婴儿小被包裹，在婴儿满月之时会穿上外婆家送来的婴儿衣。

肚兜是婴儿出生最常用的小衣。侗族婴儿肚兜造型目前在文献中尚未发现相关记载。在田野考察中，记录了三款侗族孩童穿戴的肚兜：下摆线向外凸的斧形◡、下摆线平直的山形△和下摆尖角的菱形◇。其中外凸的斧形侗族肚兜是婴儿穿戴的一种，一般穿在贴身之处，这类肚兜也是汉族儿童经常穿戴的类型。平直的山形侗族肚兜是儿童穿戴的类型，也是侗族女子外穿的一种肚兜。下摆尖角的菱形侗族儿童肚兜则与侗族已婚女子平角菱形肚兜相近。

1.侗族儿童斧形肚兜

从◡形状看，斧形肚兜领口平直，下摆外凸呈半圆弧状，像一把斧头的样式，平直领口与腰部两侧系带，这类肚兜一般是在孩子半岁之前穿戴。上平下圆的◡斧形肚兜与◇菱形肚兜、△山形肚兜有一定的区别。如表5-4所示，汉族斧形肚兜，造型上也是上平下圆的◡斧形样式，但领口的宽度与两侧的斜弧线有一些区别，整体外观形态上比较相近。在材料与色彩上，

---

❶　孙思邈.千金方（卷第五）[M].刘更生，等点校.北京：华夏出版社，1993：61.

侗族儿童的斧形肚兜与汉族儿童的斧形肚兜比较接近，外部用红色棉布刺绣花纹，内部由手工白布做成夹层缝合，再贴上里布，三层面料组合形成了一定厚度，保护婴儿胸腹部。穿戴时，由四根细带固定，上平线两端和腰部两侧各一根细带，围系在后颈和后腰处，起到固定肚兜的作用。

2.侗族儿童山形肚兜

从△形状看，侗族儿童的山形肚兜领口呈外凸弧线状，下摆直线条，两侧盘扣，看上去像一座山的形状。在材料、工艺与装饰方法上，主要使用不同颜色的旧丝绸面料拼接而成，并在块面较大的面料上刺绣不同纹样，刺绣时布的背面粘贴一层蚕丝，使得丝绸布料的表面平整。从表5-4可以看出，侗族山形儿童拼布肚兜年代已久，虽已经有些破损，但碎布拼接的地方依然能够感受到女子手工艺的精细。另一款侗布与平绒面料拼接的现代侗族儿童山形肚兜装饰则略显简单，仅仅在上半部胸口处装饰了绣片。相对于汉族儿童的山形肚兜来说，二者在外轮廓上非常接近，但汉族儿童山形肚兜的纹饰则强调在山形的下半部装饰，并且覆盖了一层方形布片，形成两层叠加的效果。

3.侗族儿童菱形肚兜

从◇形状看，侗族儿童菱形肚兜与成人女子包肚相近，如表5-4所示，基本上是成人包肚的缩小版，强调肚兜材料的柔软性。因此在其构造上，常常采用拼布的手法进行多种材料的组合，形成类似百家衣的侗族儿童菱形肚兜，这种菱形肚兜基本上是侗族的女童穿戴。相对于汉族儿童的菱形肚兜来说，其造型基本相同，也是以不同的面料拼接而成，形成百家衣的效果，预示儿童健康成长。

表5-4　侗族与汉族婴儿肚兜造型比较

类型	侗族	汉族
⌂ 斧形		
⌒ 山形		

类型	侗族	汉族
◇ 菱形	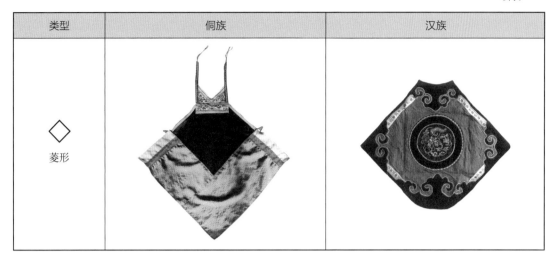	

（二）贯头衣

婴儿身体具有柔软、皮肤娇嫩的生理特征，服装需要穿脱方便，材料要采用柔软无刺激的天然面料。唐代著名医学家王焘所著的《外台秘要》（卷三十五）中记载：初生儿穿戴"宜以父故衣裹之，若生女宜以母故衣，勿用新帛，切须依之，令儿长寿。又一之内，儿衣皆须用故绵帛为之善，儿衣绵帛特忌浓热，慎之慎之。"❶在田野考察中发现，侗族人也有着相近的做法，他们常常把家里成人的衣物洗净，裁剪制作成小衣给婴儿穿戴。

现代侗族婴儿内衣除了上节中谈到的肚兜之外，还有半岁之前婴儿的贴身衣物贯头衣，其无袖、无领，穿脱方便。如图5-63所示，侗族素色直身一片式婴儿贯头衣，整个衣身以白色稀软的棉纱布为主材料，四角用深蓝色绣线绣出蝴蝶纹与枝叶纹作为装饰，前后衣片为一块长方形整布，中间对折，挖出前领口，并沿着前中心线向下至胸部开口。里料镶嵌一层柔软的格子棉布，领口边缘与前中心线开口底端一周用黑色布条包边缝合，形成贯头衣的前衣片。后衣身为一个整片，四角与前衣身装饰相同，两侧留出袖窿与衣衩之后缝合。整体上这件素色一片式贯头衣色彩素雅、装饰轻松、结构简洁，款式呈 H 型样式，与古代贯头衣的结构相接近。

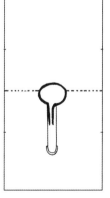

图5-63 侗族素色直身一片式婴儿贯头衣

---

❶ 王焘.外台秘要（卷三十五）[M].北京：人民卫生出版社，1995：975.

除了素色贯头衣，还有一种彩色拼布A型两片式婴儿贯头衣，侗族人也称为百家小衣。衣身表面材料用各种不同颜色或图案的旧棉布剪成三角形状，有规律地拼接成四方连续布料，衣身用侗族蓝染手工棉布作底布。将拼接的面料与底布复合，则形成双层的前后衣身，在肩部处将前后衣身断开，用一字型盘扣作为连接线，形成侗族婴儿彩色百家小衣（图5-64）。这种百家布拼接而成的百家衣在汉族以及其他民族中都有存在，各个民族各有各的不同说法，但相同的观点都是护佑婴儿健康成长。

侗族彩色婴儿贯头衣与汉族婴儿贯头百家衣在拼布工艺、色彩等方面较为相近，但在结构上，汉族婴儿贯头衣前后衣片在肩部连接，有一定的落肩量，袖窿弧线也较之侗族百家贯头衣向衣身处内凹了2~3cm（图5-65）。与侗族百家贯头衣肩线处开口不同，汉族婴儿百家衣从侧缝处开缝，盘扣连接。二者拼布方式相同，都是用几何形状的布片拼接，形成新的几何形状，但色彩有所不同，这大概是百家衣最大的特色，不同的碎布能够拼接出五颜六色的色彩调性。

从三款婴儿贯头衣的比较来看，素色直身一片式贯头衣的结构最为简单，采用一方布的简洁设计，也是最为接近早期贯头衣的样式。彩色拼布A型两片式贯头衣与汉族贯头百家衣在结构上都已经有了现代服装结构的语言，如开片、落肩等服装结构语言也表现其中，其造型、材料等囊括了现代和传统服饰语言，也是传统与现代结合的一个很好范例。

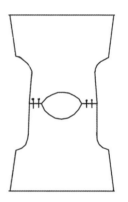

图5-64　侗族彩色拼布A型两片式婴儿贯头衣

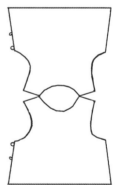

图5-65　汉族婴儿贯头百家衣

二、侗族儿童上衣

婴儿衫也是侗族孩童服饰中的主体，包括右衽大襟长袖衫、对襟长袖衫两种类型，与成人上衣结构样式非常接近，穿着方式也基本上模拟成人。

右衽大襟长袖衫是侗族6个月~2岁的女童穿着的外套，如图5-66、图5-67所示，与成人女子外套款式相近，无领、圆形领口，用细带包边，长袖；腰身有收腰和直线不收腰两种，收腰款型呈现出 A 型，直线不收腰款型则呈现出 H 型，两侧开衩。这两款上衣在结构上与婴儿贯头衣相同，采用古代传统十字型结构，一片式大襟衫，小襟长度达到腰线部位。袖有一半与衣身相连，另一半是由单独一块侗锦拼接而成。在领口处、腋下侧边与大襟一侧各缝上布带用以打结。

正面　　　　　　　　　　　　　　　　　　背面

图5-66　侗族女童大襟 A 型长袖外套

图5-67　侗族女童大襟 H 型长袖外套

对襟无领长袖衫一般来说是男婴孩穿着的外套，外形与成人男子服装造型大致相近，在结构上包括直身、平直的肩线、十字型结构和一片布剪裁的衣身，细节上则保留对称的门襟、长袖、无领、圆形领口绲边和一字型盘扣等造型（图5-68）。

正面　　　　　　　　　　　　　　　　　　背面

图5-68　侗族男童对襟无领长袖外套

第五章

母爱的守护：侗族儿童服饰

综上所述，无论男、女儿童衣衫，从贯头衣到坎肩，从衬衫到外套，结构与款式都保持十字型特征，与成人服饰结构相近。在材料上，则喜好用旧衣服改制而成，如父亲的长裤会用来改成男婴儿衣，母亲的外套常常改成女婴儿衣。同时，侗族独特的织锦也是儿童服饰的主要材料之一，也被用作婴儿的背扇和包裹婴儿的小被，还常常用作床单、被子等，用旧了则会被用来制作婴儿的贴身小衫。侗锦中的各种纹样如凤鸟纹、向阳花纹、蜘蛛纹等，都饱含着母亲们对婴儿们能够健康成长的祝福。

第五节　相伴相随的母爱

儿童生活在一个成人构筑的世界中，母亲是孩童物质与精神世界的核心。侗寨中的儿童们在节日的时候，整齐划一地穿着母亲制作的成人范式的服装参加活动（图5-69）。儿童成为母亲世界的中心，母爱成为儿童与成人世界之间的纽带，童装则是这个纽带的物化呈现。

图5-69　贵州黎平县寨虎村侗族儿童穿着成人式盛装

一、相伴相随的母爱之情

从生物学的角度来看，儿童的诞生是父母血脉的延续。儿童从母亲温暖的子宫中脱离，来到了自然世界，在相伴相随的母子日常中，儿童的衣食住行基本上依赖于母亲。母亲提供儿童所需的饮食，提供给儿童温暖的家、保暖舒适而寓意丰富的衣物、如同母亲子宫一样的襁褓、温暖而柔软的小衣衫、可爱而实用的围涎、囊括了大自然动植物形态的童帽、背扇、肚兜、百家衣等，都溢满了无尽的母爱。母亲们不仅为孩子从头到脚创造出充满童趣的世界，也创造出独特的侗族母性文化的语言，为孩子提供了与自然世界相适应的一切物化条件，将简单变为奢华，将富贵繁华赋予孩子。

从社会习俗来看，母亲们形成了一套独有的生养观并沿着历史的发展逐渐形成了特定的社会风俗习惯和习俗礼仪。如宋代陈元靓《岁时广记》（卷十）载："端午，刻菖蒲为小人儿，或葫芦形，带之辟邪……端午，以艾为虎形，至有如黑豆大者，或剪彩为小虎，粘艾叶以戴之"❶。在侗族社会的习俗中，日常生活中的各种"萨母、地母、水井神、树神"等祭祀习惯较为常见。在每个侗寨的寨门头上、鼓楼里以及每家的木楼门头上，都能够看到不同的"草标"符号。侗族母亲们不仅把孩子穿百家衣、吃百家饭等作为保佑孩子健康成长的一种方式，生活中的各种礼仪与祭祀活动也是她们内心对孩子爱的一种表达。

当然，在各类习俗礼仪之外，侗族母亲给予孩子幼年最为美好的是温暖的母爱之情。我们在侗族地区进行田野调查时发现，儿童总是与母亲或者外祖母、祖母等相伴相随，母亲、祖母们上坡干活、料理家中日常，儿童的陪伴随处可见，而对于侗族男性来说，则很少见到他们与儿童独处的时光。可以说在儿童从出生到整个童年成长的过程中，母亲扮演着重要的角色，母亲或者说母系人群是儿童物质世界与精神世界相伴的主体。

二、母性世界的童心表达

在相伴相随的过程中，孩子也成就了母亲。儿童是"摇篮里的科学家、哲学家"。儿童从出生开始，对周边的一切都感到陌生而好奇，并用身体的各个感官来感受和发现这种陌生与新奇，于是他们通过肢体、声音、语言等做出各种反应。母亲们则依靠儿童对新世界的反应而给出相应的回复。如侗族母亲会唱自己的摇篮曲、以孩子姓名称呼自己等，古话常说的"母子连心"也许就是这般情境。母亲在与儿童相伴相随的过程中，不仅创造了儿童世界，也将自己融入了儿童的世界，拥有了一颗童心，以体悟儿童的内心世界，而且创造出了反映儿童世界的服饰语言，从儿童的世界中找寻到自己过去的时光，实现了自爱与给予爱的心理愉悦，母亲们的内心世界也得到了满足与释放。由此，可以说母爱是双向的，既有给予也有收获。

在服饰语言中，母亲们也不断地从儿童习俗中借鉴，形成自己的服饰特色。在侗族儿童服饰中，不论是儿童背扇、童帽，还是围涎，都常用五色丝线装饰，作为护身符。如图5-70、图5-71所示，在侗族婴儿帽和背扇中都使用了五彩丝缕作为装饰。童帽中的五色丝线缠绕出方形流苏造型，四角悬挂丝线做成的一束束流苏，从丝线的数量与颜色上可以感受到母亲们对孩子浓浓的母爱情愫。背扇中间有的用五彩布条，有的用一个个捆绑好的流苏作为装饰来护佑

❶ 陈元靓.岁时广记[M].许逸民，点校.北京：中华书局，2020：429.

孩子。从历史来看，"五彩丝缕"装饰应该是儿童特有的一种装扮习俗，如《弘治温州府志》中记载汉族儿童："童子以五色线系臂，名曰：长命缕。"❶

图5-70　侗族童帽上的五彩丝缕　　　　　　图5-71　侗族背扇上的五彩丝缕

侗族母亲们把这种"五彩丝缕"的装饰习俗也大量地运用在自己的服饰中，如女子的披肩边缘流苏、腰带头流苏、绑腿绳流苏等，充满了女性服饰的各个部分（图5-72）。因此，从侗族儿童与母亲的穿戴习俗中可以看出母亲的世界与儿童的世界是相连相通的，成人世界对儿童世界的影响使得儿童服饰拥有了成人化的特征，而相应地，儿童也给成人世界带来了新的元素，最先接受的是母亲们，母亲与儿童成为成人世界与儿童世界相连接的最为紧密的两个主体。

图5-72　侗族母亲们的五彩丝缕装饰

---

❶ 王瓒，蔡芳.弘治温州府志[M].上海：上海社会科学院出版社，2006：13.

坚韧与勤劳：侗族女性的非遗手工技艺

日常生活最能够体现出一个民族真实的文化特性、创造能力与思维意识。侗族服饰是女性在日常闲暇时间中完成的，纺纱、织布、染布、刺绣等构成了侗族女性朴素而灿烂的生活画卷。她们用精湛的技艺、独有的设计思维创造出温暖的服饰、生动的纹样、绚烂的色彩。本章主要从侗族服饰技术实现过程与女性创作思维方式两个方面探讨其设计观念。

第一节　侗族服饰技术实现的主体

人类自古有两种基本生产活动，即种的繁衍和物的生产。在这两种活动中，女性不但支撑着人类自身族群繁衍的生产活动，同时还承担着物的生产活动——种植、采集。在采集过程中，她们创造并掌握了生产生活中所需要的技术，如纺织、编织、染织、绣等，成为社会生产生活的主角，体现了女性强大的创造力，也奠定了她们在本民族社会结构中的重要地位。

一、生产中的女性主体

我国是以农耕文明为主的国家，河流、盆地是农业文明的摇篮。位于湘黔桂三省交界的侗族聚居区四面环山，山中有溪流贯穿其中，形成了无数山间盆地。山高水多、冬暖夏凉的天然生态环境和其中丰富的动植物资源为侗族人提供了独特的生存资料，从而造就了侗族社会早期的以农耕为主、采集渔猎为辅的溪峒文明。

现代侗族的生产生活方式依然是以农耕为主，不仅形成了以香禾糯为主的稻作品种，还创造了具有特色的稻、鱼、鸭共作系统。这个系统的主要特点是稻田、鱼、鸭共生，即在水稻田中放养一定的鱼类，待水稻秧苗成活、鱼苗长成之时，人们会把鸭子赶至水田中放养，以此达到除草、追肥以及防治病虫害的目的。这是古代侗族先民创造的赖以生存的原始而生态的农业生产系统，如今已经成为人类农业生态文化的遗产，也得到了国际社会的关注与认可。在这个系统中，侗族妇女承担着比较细腻和具有手工操作性的劳作，尤其是从选种、插秧再到摘禾等重要环节。男性主要承担耗费力气的犁田、耙地以及担禾等劳作。从侗族婚俗歌词"公起主人奶起客，公造水田奶造塘"可以看出侗族农耕文化中女性与男性所承担的生产劳动特点，以及男性女性在劳作中同等重要的地位。

在侗族农耕文明体系中，食物的生产、男女的劳作分工并没有明确规定，但在生产过程中形成了男女双方约定俗成的一种协作互补的关系，在某些方面女性可能承担得更多，这是侗族社会从采集渔猎到农耕文明所保留下来的一种母系文化现象。在侗寨，每天清晨都能够看到女性担着鸭笼去稻田放鸭，傍晚再将鸭带回，循环往复，形成女性每天的日常，同时还要与男性共同完成农业耕作中的采集、耕种、生产等工作，农业生产中的选种、种禾、摘禾、担禾、搭禾等工作都以女性为主体（图6-1）。在完成农业生产劳作之余，侗族家庭日常生活中的洗衣、做饭、纺纱织布以及照顾孩子等任务均以女性为主。

女子劳作放鸭归来

摘禾

舂禾

晾稻谷

图6-1　侗族女性各种劳作场景

坚韧与勤劳：侗族女性的非遗手工技艺

侗族男性一般从事以耕种等体力劳动为主的生产活动。我们可以通过表6-1所示的侗族男女主要的生产生活分工示意来分析侗族男性在农业生产和日常生活中所承担的分工。在生产中，男性以耕田耙地、下种、拔草、搭禾、担禾等为主；生活中则以酿酒、做饭、砍柴、割草、建造、木工、银匠、打猎、养鸟、养牛、抓鱼等为主。而女性在生产中同样要承担选种、插秧、拔草、摘禾、搭禾、担禾等劳作，生活中则要种菜、做饭、采集、割草、春米、担水、养鸭、养牛、养猪、养羊、抓鱼、纺绣、编织、染、种蓝、制衣等，满足人类的生存之需。

表6-1　男女生产生活分工

性别		男	女
分工	生产	耕田、耙地、下种、拔草、搭禾、担禾等	选种、插秧、拔草、摘禾、搭禾、担禾等
	生活	酿酒、做饭、砍柴、割草、建造、木工、银匠、打猎、养鸟、养牛、抓鱼、养育孩子等	种菜、做饭、采集、割草、春米、担水、养鸭、养牛、养猪、养羊、抓鱼、纺绣、编织、染、种蓝、制衣、养育孩子等

从表中可以看到，在侗族农耕文明中，性别制度并非男女二元对立的，而是一种二元整合互补的关系。侗族妇女不仅在农业生产中承担着重要角色，积累出丰富的生产知识，具有丰沛的创造力，在当下的农耕生产生活以及相关传统知识的传承保护机制中起着重要作用，而且在家庭的生产生活中也具有不可替代的作用。

二、创作中的女性思维

文化人类学和神话学研究表明，大凡以农耕生产为主的民族，总有明显的母权崇拜的踪迹。侗族社会农业文明中母系文化的残存以及农耕生活本身所赋予的生活方式同样也为侗族女性提供了丰富而积极的创作空间和环境。以侗族女性为创造主体的集编织、刺绣、染织于一身的服饰是最为直观的物件，集中体现了女性精湛纺织技艺的发展、演变、传承以及她们非凡的创造力。

我们可以从榕江车寨的纺织歌谣❶的歌词中发现侗族女子织造技艺的特征：

唱："哪个穿白衣，脚落地？哪个是后娘，披纱高挂起？哪个是狗，穿石壁？哪个鹞子罗汉，身后拖线紧追？"

答："敦（denx）穿白衣，脚落地。综（songl）是后娘，披纱高挂起。铜钩是狗，穿石壁。梭子是鹞子罗汉，身后拖线紧追。"

---

❶ 黄才贵.女神与泛神——侗族萨玛文化研究[M].贵阳：贵州人民出版社，2006：33.

歌中的"敦"象征缠绕经纱线的竹笼，因竹笼常常绕着层层白色纱线，像披上白色外衣一样，在排纱时，竹笼被直立地放置在地上，故在歌中有"脚落地"的描绘（图6-2）。

图6-2　侗族女性纺织歌中织机部件"敦"（竹笼）

　　"综"是织布机上变更经线的工具。如图6-3①所示，经纱在综的交替变换中交错运动，与纬线交织，故"综"常常被比喻为后娘，披着经纱随着织布机架的脚踏变换而改变经纱的位置。

　　经纱需要一根根穿过综眼之后才能放置在织机机架上，如图6-3②所示，穿综眼的工具是一个铜片制成的钩针，歌谜中将其比喻成穿石壁的狗。

　　侗族人常常认为鹞是鸟中的逐雀之王，而捕鸟是罗汉（侗族成年男子）的专项，因此，歌中将纬纱比喻为一群男青年，梭子是逐雀之王"鹞子罗汉"，如图6-3③所示，纬纱放置在梭子中央的凹槽内，纱头经过梭子一侧的小孔穿出来，与织机上的经线穿插交织。

①综　　　　　　　　　　　②铜钩针　　　　　　　　　③梭子与纬纱

图6-3　侗族纺织机中的综、铜钩针、梭子与纬纱

在这组形象的侗族女子织布歌中，女人们敏锐地抓住每一个工具独特的功能而寻找到相对应的人与物进行比拟，最有趣的是侗族男人被女人们比作纬纱，给予传统服饰人性化的比拟。这种将传统服饰的制作技艺与生活中的各种形象联系起来的纺织歌，不仅将侗族女性纯熟的纺织技巧清晰地传达出来，更能说明侗族女性对事物的观察、归纳能力，以及将物体之间互相转化的原始思维能力。法国社会学家列维–布留尔在《原始思维》一书中提出"互渗律"这一原始思维概念，他认为存在物和现象的出现、这个或那个事件的发生是在一定的神秘性质的条件下由一个存在物或客体传给另一个神秘物作用的结果，它们取决于被原始人以多种多样的形式来想象的"互渗"，如接触、转移、感应、远距离作用等。

（一）侗族女性思维中的互渗律

互渗需要对物体、现象具有直观的感受，通过一种媒介进行转换。侗族女性在服饰的制作过程中既会创新技术，也会通过自然物象来表达内心世界。例如，她们常常通过"打标"❶的方式将祈福与禁忌转化到"打标"的物体中，以此来传达其在制作过程中的内心情感。在过去，服装是一家人的生存之本，所有的服装都需要女性自己动手制作，技艺的生疏或精湛会使得她们在制作服饰时产生不同效果，尤其纺纱、织布、染色、刺绣等工艺，流程与耗时都相当长，如春天种蓝草，夏天收割、制蓝靛，秋天染布，冬天做衣服等，一个流程出现差错就会影响下面的所有环节。在物质匮乏的时代，保暖是人生活中最主要的事情之一，因此在制作衣物时，女性常常通过"打标"这一符号语言象征人与物之间互相渗透和转化。

服饰制作中的"打标"常常采用芒冬草、红辣椒等作为互渗的客体。有些侗寨女子常常会通过悬挂一头打结的芒冬草告知外人屋内正在制作侗布染液，生病或怀孕的人不要入内。服饰面料中最耗时的是亮布工艺，决定亮布质量好坏的关键环节是染布与染液的制作，因此在制作亮布的过程中，侗族女性会用不同的符号来禁止别人进入她的劳作范围，同时也会用一些物化的符号来祈祷制作成功。当人们看到侗家门头上的这类"打标"标记时，都会非常遵守主人的要求。同样，亮布的蒸煮也有"标语"。侗族女性在蒸布的过程中一般会在木桶的上方放一个红红的辣椒，因为红色和辣椒的气味会使怀孕之人或是家里有过世老人的人们害怕而不敢进来，从而去除不祥之兆，同时也保佑蒸布过程顺利，红色更加光亮，布不会出现水渍斑块等。

虽然这些符号在侗家已经形成约定俗成的形式，但从认知方式来看，侗族人的精神世界其实具有一种神秘性。他们把自己对自然的认知通过具体物象如芒冬草、辣椒、村口的巨石、古树、古井、木门楼上悬挂的剪刀、鱼尾巴等来呈现。这些自然世界的物质在他们的思维中和我

---

❶ 打标：侗语称作"多标"，即用身边随处可见的芒冬草或其他植物、生活之物等，做成结或是串联挂起来作为一种符号语言。

们的想象认知不同，他们认为自己与之有着非常密切的情感联系，所以他们会通过自己的方式与自然界的物象交流、传递情感、表达崇拜等。当人与物、物与物等之间接触、感受即互渗时，有一种内在的隐秘而不可知的力量相互作用。如侗族人认为古树、古井有着神秘的未知力量，因此常常以古树、古井作为保护神，保佑孩童健康，保佑一家人一年平安。他们会将自己的认知转化为具体的物件即用一把小竹伞、一个树枝编织的门框，一张剪纸构成一个象征物，并与人之间形成互渗。通过这个具体的象征物去祭拜心中认定的古树和古井，又形成了物与物之间的相互渗透和转化。由此，人与物之间的交流常常需要另一个物来作为中间的媒介，这个中间的媒介即如我们所看到的侗家门上的木棍、稻草结、鱼尾等物化的符号，这种符号一旦形成规律，人们就会主动地认知它，而不会轻易改变。

（二）侗族女性思维中的集体表象

侗族女性通过"打标"的方式来表现其集体表象的思维过程。侗族女性对自然的直观感受常常导致她们通过转换移情的方法，在主体、客体之间建立一种互渗关系。在侗族社会生活中，通常会产生各种祈福与禁忌，这种祈福与禁忌常常要通过一种物体符号传达出来，最为典型的是"打标"的形式。"打标"的标记包揽了侗族人生活中的各个方面，有着特定的语义表达、情感指向以及行动指令之意等。如侗族的年轻母亲或祖母们常常用几根打结的稻草和剪刀作为物化的符号来保佑家人平安、家庭和睦；用一串串鸡蛋壳作为告知性的符号，挂在门头来告知大家家里有婴儿出生；制作蓝靛染液时，上面要放置一个红辣椒符号以保佑染液良好，又或是告诫孕妇或生病的人不要靠近；一个红色春联加上一个鱼尾预示年年丰收。这些祈福或禁令的物化语言，看似较为随意，但一把草、一串鸡蛋壳、一个鱼尾就能够传达出人们内心的意愿和指令，进而转化为大家心中约定俗成的符号。

侗族人们日常生活中共同认知、认可的这种思维方式是一种群体现象，也称为集体表象。列维－布留尔说："所谓集体表象，在不深入其细节问题的前提下，根据所有社会集体的全部成员所共有的下列特征来加以识别：这些表象在该集体中是世代相传的，它们在集体中的每个成员身上留下深刻的烙印，同时根据不同情况，引起该集体中每个成员对有关客体产生尊敬、恐惧、崇拜等感情。"结合现有的侗族女子创造的各种生活生产方式，可以看出侗族女子的思维想象中有着与列维－布留尔所探讨的互渗律和集体表象一样的原始思维特征。

三、穿戴中的女性主体

在歌谣《侗族祖先的传说》中描写了原始侗族先民的生存环境："岩洞冒水常潮湿，蛇也多来蚂蚁勤，洞难得住，上树搭棚居，摘来树叶遮雨淋。"这是侗族人们为了躲避春天洪水和虫蛇蚂蚁等自然灾害而移居树上的传说。在《侗族祖宗》这一歌谣中也唱道："树叶遮身兽肉来当餐，无人来问常操心"。从这两个歌谣中可以体会到侗族人们在自然环境中的生存能力与意识。在大自然面前，为了生存，他们不断地努力改变并创造条件来保护自己，这是一种实用功能性思维的表现。人类学家马林诺夫斯基在其《文化论》中认为，文化在最初时以及伴随其在整个进化过程中所起的作用，首先在于满足人类最基本的需求，即文化的形成与构建过程中的首要条件是满足人类能够生存下来。显然，衣食住行是人的最基本需求，侗族先民在利用自然之物遮身护体之后发现其纤维的可用性，由此形成了早期强调实用功能的服饰形制及思想：

第一，原始功能主义生存意识决定人们对服饰材料的选择。从服饰形制来看，服装材料与技艺构成了侗族服饰形制的主要部分。服饰材料包括树叶、树皮、葛、麻等植物纤维，技艺包括编结、纺、缝制、织、染、绣等，二者结合形成了早期的贯头衣，又由于人们"依树积木，以居其上"的居住方式逐渐形成了上衣下裳的穿衣形制。在与汉文化交流的过程中，丝、棉织物的进入和纺织染编绣技艺的丰富与发展，使侗族社会的祭祀、节日活动、婚恋嫁娶等重大事件中出现了具有礼仪化功能的服饰。

第二，侗族服饰具有一衣多用的功能性。在材料缺乏、技艺水平低下的年代，由结绳记事至织绩卉衣是一大跨越，这其中既有女性的自主意识，也有着一定的偶然性。很显然，在以采集与渔猎为主的生活环境中编结而成的衣物，既被用来穿戴在身上遮身蔽体，也可以作为盛放采集食物之器，还可以作为背负婴儿的绑带。在现代的侗族女性服饰中，肚兜与围裙依然有着多种功用，如图6-4所示，贵州黄岗侗寨女子的围裙既可以作为女子围系在臀部的飘带，又可以作为包头帕，还可以作为背负孩子用的简易背带。这种一衣多用的观念正是侗族女性最朴素的实用思想的体现，至今依然保留在侗族社会的女性穿戴之中。

第三，侗族服饰功能驱动发展。在农耕生产生活方式的环境中，功能性决定了服饰的多样性，最终形成了多样化的服饰形制。为便于日常爬坡上坎而逐渐形成了绑腿，为遮风蔽日、包裹头发而形成了包头帕，为固定服装而逐渐产生了腰带。可见，人们对服饰的实用目的越是专注，它的实用功能意义就越强，服饰的发展也越多样。

第四，侗族女性创作的主要支撑是群体化和集体化特征。在母系社会，侗族女性维持生存的生产方式主要是采集与渔猎。这些活动都是群体性的行为，并遗存在现在的侗族社会生活中，如多耶❶是侗族先民遗留下来的最古老的歌舞形式，用来模拟早期人类的采集与渔猎这两种群体性劳动。其形式是由几十人到上千人不等手拉手、肩搭肩围成一个圆圈，穿着统一的侗族盛装，依靠有节奏地踏步前行时的进步与后退步等基本动作以及原地点步、弯腰屈膝等动作

---

❶ 多耶：侗族中称为"踩歌堂"，是起源于侗族原始氏族社会的一种歌舞形式，是侗族先民进行原始宗教仪式时和狩猎之前或之后的操练性的表演活动。"耶"类似于劳动号子。

围裙 　　　　　　　　　　　　飘带

包头帕 　　　　　　　　　　　　背孩子

图6-4　现代贵州黄岗侗寨侗族女子围裙的多种穿戴方式

来模拟人们采集与渔猎劳作时的动态。

　　侗族先民从原始采集与渔猎生产方式中认识到集体力量比个体力量要强大得多，多耶就是侗族先民群体性劳动的生动描述。即使进入农耕文明之后，父系社会代替母系氏族社会，侗族人们依然沿袭了群体性的生产方式。比较典型的是保存至今的以父系血缘关系为基础的"补腊"制度，这种以父系家庭为基础，以血缘、地缘为纽带的集体组织，也具有明显的群体性特征，在客观上为同一族群或支系群体性服饰的穿戴与创作提供了有利的条件。在日常生活中，原始的母系氏族社会的习俗依然存在，如图6-5所示，从侗族家庭中女子出嫁时礼单上的姓名制度可以发现侗族人们的惯常思维中依然以母族称呼为主，如"甫香莲"中的"甫"是爸爸的妈妈，等同于"奶"，也就是香莲的奶奶。"大卫健"中的"大"指称"萨"，是妈妈的妈妈，即外婆。二者都是女性中的最高辈分，也是母系氏族社会中的家庭核心。因此，在侗族社会，母系氏族社会的遗风依然保留在人们生活中的各种习俗之中，母性文化与父系文化相互交融共存。

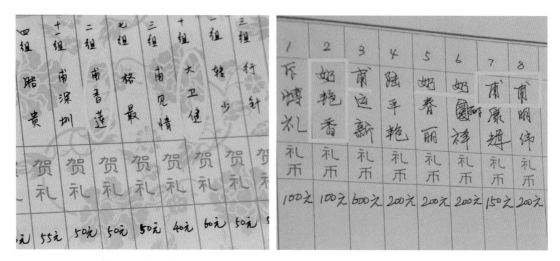

图6-5 贵州黎平县黄岗村侗族女子婚礼礼单中"大、甫、奶"等祖母称呼符号

第二节 古代侗族女子技艺的形成与发展

技术的发明创造是人类赖以生存与生活的基础。马克思认为，一切人类生存的第一个前提也就是一切历史的第一个前提，即人们为了能够创造历史，必须能够生活。为了生活，首先需要衣、食、住、行等。因此，人类最原初的活动就是生产满足物质生活本身的资料。那么如何解决人类的生存需要，保证人们的衣食住行？技术是先行者。李亦园在《人类的视野》中提道："人类历史发展的过程，首先面临着自然的困境，为了克服自然这个敌人，所以创造了第一类的物质文化，我们称之为'物质文化'或'技术文化'。"❶从人类最初的结绳记事到打磨骨针再到缝制技术的产生，从用矿石涂抹身体到染色技艺的成形……原始人类从简陋的工具中逐渐创造出技术，虽然简陋，却是人类技术文明的开端，技术伴随着人类一步步向前走，人类

❶ 李亦园.人类的视野[M].上海：上海文艺出版社，1996：101.

的发展史也是技术的发展史，每一个历史新阶段都会伴随着新技术的出现，逐渐发展成一种技术文化。

在技术创造与发展的过程中，女性的贡献是值得我们深切关注的。尤其是作为母亲的女性，她们在人类手工技术的发展上作出了重要的贡献，也是技术文化早期的创始者之一。侗族女性的传统手工技艺包括染、编、织、绣等，从母系社会的群居生活开始，采集、渔猎、农耕的生活方式逐渐形成人们在服饰制作上的技艺，如结草成衣、织布制衣、五色斑布等造物过程中逐渐创造出的编、染、织、绣等技艺手法，为侗族人的日常穿着服饰、生活日用器皿、采集捕鱼工具等的产生提供了基础。更为重要的是，这些技艺伴随着侗族族群的发展一步步向前迈进，在每一个历史阶段不同技术的出现和完善过程中，逐渐发展成一个完整而独特的侗族服饰技术系统。

一、古代侗族独立前的服饰材料与技艺

（一）早期编结、染色技艺与卉衣

关于早期侗族女子服饰技艺的记载寥寥无几，且对技术工艺过程也缺乏周详的描述。依据目前的文献可以推测出卉衣以草木、藤蔓为主要材料来源。在黔东南侗族地区流传的民歌《侗族祖宗》歌词中有"树叶遮身"的记载："树叶遮身兽肉当参，无人来问常操心。"

黎平侗族民歌《盘古歌》中也唱道："我们祖先原来是猿人，树叶置作衣……"歌中对远古时期侗族先民们的纺织技术工艺并无具体描述，但记录了以树叶等草木之物为遮身蔽体的材料。草木之物，在《说文解字》中统称为"卉"，《诗经》中亦有"卉木萋萋"的记载。孔颖达《尚书正义》（卷六）注疏："知卉服是草服，葛越也。葛越，南方布名，用葛为之。"❶这里的卉服即以藤葛等材料制作而成的服饰。范晔的《后汉书·南蛮西南夷列传》中记载槃瓠之后裔："百蛮蠢居，仞彼方徼。镂体卉衣，凭深阻峭。"❷李贤注释"镂体"为文身，卉衣则是指穿在身上的草木之物。《汉书·地理志》："岛夷卉服。"颜师古注："卉服，絺葛之属。"❸《十三经注疏·尚书正义》中云："为絺为绤，是絺用葛也。玉藻云：'浴用二巾，上絺下绤'。曲礼云：'为天子削瓜者，副之，巾以絺。为国君者，华之，巾以绤。皆以絺贵而绤贱，是以絺精而绤粗，故葛之精曰絺，五色备谓之绣。'"❹《十三经注疏·毛诗正义》又载："曲礼云：为天子削瓜巾以絺，诸侯巾以绤。玉藻云：'浴用二巾，上絺下绤，皆贵絺而贱绤，

❶ 阮元.十三经注疏·清嘉庆刊本[M].北京：中华书局，2009：313.
❷ 范晔.后汉书（卷八十六）[M].李贤，等注.北京：中华书局，1965：2861.
❸ 班固.汉书（卷二十八）[M].颜师古，注.北京：中华书局，1962：1528.
❹ 同❶299.

是绨精而绤贫，故云精曰绨，贫曰绤'。"[1] 宋代《太平寰宇记》中记载道州风俗："道州，江华郡，今营道县。春秋及汉初，其地所隶，并同零陵。与五岭接界，大抵炎热，元无瘴气。织造麻葛、竹簟、草席。别有山傜、白蛮、倮人三种类，与百姓异居，亲族各别。书曰'岛夷卉服'是也。"[2] 在《太平寰宇记·岭南道六》中又记载广西桂州俚人之服："有古终藤，俚人以为布。故夏书曰：岛夷卉服，此之谓也。"[3] 宋时的道州山傜、白蛮、倮人与桂州俚人等族群皆属于百越民族中的不同支系，有的和侗族先民杂居，习俗相近，有的则是侗族族群的祖先。

综上，可以看出，卉衣的材料从早期原始的树叶、藤葛逐渐发展到珍贵的绨葛，随着材料的发展而逐渐成为我国古代百越民族早期的服饰形态，亦是侗族先民们的主要服饰。

关于卉衣的工艺，虽记载很少，但我们能够从文献中找寻到一点踪迹。《后汉书》中记载："自相夫妻，织绩木皮，染以草实，好五色衣裳，制裁皆有尾形。"[4] 其中的"织绩、染、制裁"等词汇是对我国南方少数民族纺织技艺最早的记载。首先，织是在编的基础上发展而来，侗族先民们早期的纺织工艺以编结为主要手段，随着人们对编结技术的熟练掌握，逐渐发明了织机，使得早期服饰技术从编结走向编织。其次，绩与织同时存在。"织绩木皮"中的"绩"在《说文解字》中释义："绩，缉也。从糸，责声。段玉裁注：'绩，功也。从糸，责声。……绩之言积也，积短为长，积少为多。'"[5]《太平寰宇记·岭南道十一》中载容州："夷多夏少，鼻饮跣足，……无蚕桑，缉蕉葛以为布。"其中"废阿林县"条："白石山，色洁白，四面悬绝，上有飞泉瀑布，下有勾芒木，可以为布，俚人斫之，新条更生，取皮绩以为布。"[6] 这里的"缉"同"绩"，容州，古越之地，秦属象郡，壮侗语族群的聚居地。因此，依据文献可知，在我国岭南百越民族的服饰工艺记载中，绩是出现的较多一种技艺。由此推测，绩与织是古代服饰材料制作工艺最为主要的两种类型。再次，关于"染以草实"的"染"。在《说文解字》中，裴光远释义"染"字，"从木，木者所以染，栀、茜之属也；从九，九者染之数也"，可以看出百越民族在秦汉时期已经开始有了染的技术。

综上所述，我国百越民族尤其是侗族先民们有来自两广和福建等地的说法，至今贵州的榕江、从江等侗族地区依然有来自福建沿海、广西梧州、扬州水乡、江西吉安等之说，因此可以推测卉衣亦是我国侗族先民们的早期服饰形态，以草木、藤葛织造而成的面料成为我国南方少数民族早期服饰面料的萌芽。

❶ 阮元.十三经注疏·毛诗正义（卷一）[M].北京：中华书局，2009：581.
❷ 乐史.太平寰宇记（卷一百一十六·江南西道十四）[M].王文楚，等点校.北京：中华书局，2007：2342.
❸ 乐史.太平寰宇记（卷一百六十二·岭南道六）[M].王文楚，等点校.北京：中华书局，2007：3107.
❹ 范晔.后汉书[M].李贤，等注，北京：中华书局，1965：574.
❺ 王平，李建廷.说文解字标点整理本[M].上海：上海书店出版社，2016：346.
❻ 乐史.太平寰宇记（卷一百六十七·岭南道十一）[M].王文楚，等点校.北京：中华书局，2007：3189，3193.

（二）染织技艺的发展与斑布的形成

从远古时期的编织技艺到秦汉时期的染色技艺，侗族先民中形成了从卉衣到五色衣裳的侗族服饰面料的雏形。斑布则可以看作是五色衣裳的进一步的延伸。

关于斑布，最早的记载大概始于三国时期。如《太平御览》（卷八）中转述了三国时期成书的《南州异物志》对斑布材料和制作工艺的描述："五色斑布，以（似）丝布、古贝木所作。此木熟时，状如鹅毛，中有核如珠珣，细过丝绵。人将用之，则治出其核，但纺不绩，任意小抽相牵引，无有断绝。欲为斑布，则染之五色，织以为布。"[1]隋唐时期的《南史·夷貊传上·西南夷》中记载"染成五色，织为斑布也"。[2]《梁书·诸夷传·林邑国》中亦有斑布的记载："吉贝者，树名也，其华成时如鹅毳，抽其绪纺之以作布，洁白与纻布不殊。亦染成五色，织为斑布。"[3]《隋书·地理志》中则记录："南郡、夷陵、竟陵、沔阳、沅陵、清江诸蛮本其所出，承盘瓠之后，故服章多以斑布为饰。"[4]以上文献不仅记载了不同历史时期斑布的形成区域、材料特征，还对斑布形成的技艺过程也进行了详细描述。

从区域上来看，文献中提到的西南夷、林邑国是我国南方百越民族的聚居区域，尤其是沅陵、清江诸蛮，自秦汉以来就是百越民族中侗族先民们生活的地方。由此推测，侗族先民们不仅以斑布为饰，也是斑布的创造者之一。从纺织材料上分析，依据文献中所提及的古贝木、吉贝为斑布的材料，二者成熟时皆状如鹅毛，色泽洁白，而古贝木、吉贝皆是古时人们对棉花的一种称谓。由此可知，侗族先民们在隋唐时期已经开始使用棉花作为斑布的纺织材料。最后，从技艺来看，文献中记载了斑布"但纺不绩"将棉纤维纺纱成线，线缕不易断折的效果。"染之五色，织以为布"的记载又说明了斑布先染线缕，再织成色彩斑斓的纹样。这种先染后织的工艺，使得斑布纹因织而成形。

综上所述，从远古时代的卉衣到隋唐的斑布，侗布有了基本的样式；从早期的树叶、藤葛到绤葛再到棉纤维，侗布的材料种类越来越丰富，质地也越来越精细；从绩到纺、从编染到织染，织造技艺随着材料的发展跨越了不同的时代而不断提升，形成了拥有不同时代文化特征的侗布形态——斑布。

二、古代侗族独立后的服饰材料与技艺

宋代时，侗族从百越民族中独立出来，被称为仡伶、仡览，因其聚居的区域不同而形成了

---

❶ 胡进，简小娅.斑布考：兼谈蜡染[J].贵州文史丛刊，2001（4）：42-45.

❷ 李延寿，等.南史（卷七十八）[M].中华书局，点校.北京：中华书局，1975：1958.

❸ 同❶42-45.

❹ 魏征.隋书[M].中华书局，点校.北京：中华书局，1973：898.

不同支系。各支系的纺织技艺侧重点也有所不同，形成了以织为主和以染为主的两种方式，服饰面料由早期的"斑布"逐渐发展为新的样式——缎与练。

（一）宋代侗布纺织技艺的表现

宋代侗布种类主要有缎、练、娘子布等。

首先，缎是宋代侗族服饰中独特且珍贵面料的一种，首见于范成大的《桂海虞衡志·志器》，由丝绒材料织成，被称为土锦。在《岭外代答》关于缎的记载："邕州左、右江峒蛮，有织白缎，白质方纹，广幅大缕，似中都之线罗，而佳丽厚重，诚南方之上服也。"❶由文中的"白质方纹"可知，缎布的色彩为白色；方纹，在《桂海虞衡志·志器》中释义为"小方胜纹"。方胜纹是我国传统吉祥纹样，是以两个菱形的两条边线中点为起点，相互叠加、重合而成的几何图形。从工艺来说，缎中的方纹应是运用提花机织造时经纬线有规律地交错变换，两菱形斜边相互叠加，形成菱形为图、布面为底的符号样式。依据《侗族简史》中载："北宋时靖州等地……纺织的斑细布、白练布、白绢等均负盛名……"❷综上所述，被称作土锦的缎布，其最主要的特征是因织而形成的肌理纹样，与上文中线缕染色而织成的五色斑布在技艺上的侧重点不同，从而形成了不同的样式。又从缎的织造区域来看，"邕州左、右江峒"在《岭外代答·地理门》中记载有"自宜稍西南，曰邕州。邕境极广，管溪峒羁縻州，县、峒数十。……羁縻州之民，谓之峒丁。"❸同时，据文献记载，靖州自宋以来一直是侗族的聚居地，由此推测，缎亦是宋代侗族族群以织为主的素色侗锦的最初形态。

其次，关于练，《岭外代答·蛮俗门》中记载："冬编鹅毛木棉，夏缉蕉竹、麻纻为衣。……土产……峒缎、练布……"❹练，在范成大的《桂海虞衡志·志器》中记载为："练子出两江州峒，大略似苎布，有花纹者谓之花练，土人亦自贵重。"周去非在《岭外代答·服用门》中对练的织造与材料亦进行了详细记载："邕州左、右江溪峒，地产苎麻，洁白细薄而长，土人择其尤细长者为练子。暑衣之，轻凉离汗者也。……以染真红，尤易着色。"杨武泉校注曰："苎麻织物中之精品"。从上述文献中可以看出，"两江州峒"即是指上文中的"邕州左、右江"，是俚人、峒人的聚居区。练因技艺不同分为纺织而成的花练和染色而成的红练，其经纬线均是用长而细的苎麻线纺织而成。因此，练布也应是侗族服饰中的一种上等面料，其纺织技艺以纺与染为主要特色。

最后，关于娘子布，宋人朱辅在《溪蛮丛笑》中记载："僚言苎。今有绩织细白苎麻，以

❶ 周去非.岭外代答校注[M].杨武泉，校注.北京：中华书局，1999：225，133，4，223.

❷《侗族简史》编写组.侗族简史[M].北京：民族出版社，2008：34.

❸ 同❶133.

❹ 同❶4.

旬月而成，名娘子布。"这里的记载与唐代李延寿在《北史·僚传》中所提及的"僚人能为细布，色致鲜净"较为接近。在《嘉靖钦州志》中有记载土人、俚僚、峒人皆为骆越种类也。可见，娘子布亦为侗布的一种，以精细苎麻为材质。

综上所述，续、练布、娘子布亦为我国西南地区侗族服饰中的主要材料，说明宋代侗布的样式已经多样化，以织、染为主的织造技艺也逐渐丰富而精湛。

（二）明代侗布的染、织、绣技艺

明代是侗族服饰技艺中绩纱、纺织、染色、刺绣全面发展的时期，其中织锦技艺的发展尤其突出。

这一时期，绩、纺、织、染技艺体系已经形成。沈瓒的《五溪蛮图志·土产篇》中记载："丝、麻、棉花，绩纺为缕，以草木煎汁染五色织布。"在《五溪蛮图志·风俗篇》中也记载："昔以楮木皮为之布，今皆用丝、麻染成五色，织花绸、花布裁制服之。"❶文中从织造的原材料处理、绩纺、草木染色到织成五色绸布，这一系列的工艺过程说明，明代五溪地区包括侗族在内的少数民族服饰面料的传统手工技艺体系基本形成。同时，彩色侗锦的织造技艺已经较为完善。如明代弘治年间的《贵州图经新志》（卷七）中记载："黎平府属……织花绸如锦，斜缝一尖于上为盖头……土锦，诸司出以苎布为质，彩线挑刺成之，今谓之洞被。铁茯苓、葛布、紫檀木诸司俱出。洞布，绩苎麻为之细密洁白。"❷明代黎平府主要聚居的是侗族族群，因此"织花绸如锦"中的"锦"可看作是侗锦，"绸"则说明侗锦是以丝为材质，相较于早期的斑布、续等，侗锦的织造材料也更加丰富，在今天的湖南通道侗族地区依然保留着彩色丝线织锦的技艺。综上所述，明清时期侗锦的材料包括丝、麻和棉等，其技艺则集古代绩纱、纺织、染色等于一体。

同时，有关侗族服饰中绣的技艺在明代首次提到。在上文的文献分析中如"文如大方帕""织为斑布""以斑布为饰"等，在工艺上均以织为主而非绣。但在明代，刺绣技艺则在相关的侗族文献记载中出现。如田汝成在《炎徼纪闻·蛮夷》（卷四）中提及："妇人短裙长续，后垂刺绣一方，若绶胸亦如之……黎平府。"❸又如《贵州图经新志》（卷七）中亦记载侗族刺绣技艺与纹样特征："黎平府属……妇女之衣，长续短裙，裙作百褶裙，后加布一幅，刺绣杂文如绶，胸前又加绣布一方……"❹黎平府即是明代侗族聚居的主要区域，与现在的贵州黎平苗族侗族自治县是同一区域。文献中的"后垂刺绣一方""刺绣杂文如绶"是汉文献中第一次对

❶ 沈瓒.五溪蛮图志[M].伍新福，校点.长沙：岳麓书社，2012：113.
❷ 沈庠，赵瓒.贵州图经新志·点校本（卷七）[M].张祥光，点校.贵阳：贵州人民出版社，2015：124.
❸ 王胜先.侗族文化与习俗[M].贵阳：贵州民族出版社，1989：14，42.
❹ 同❷122.

古代侗族刺绣技艺与纹样的记载。《广雅·释诂》云："刺，箴也。"可见"绣成于箴功，故云刺绣"❶。《说文解字》中认为针由箴发展而来。从箴字的结构来看，竹为上部首，咸为下部首，其造字本义应该是指身体被竹针刺而产生的一种酸涩的感觉。因此，从工艺角度看，侗族先民们披发文身装扮中的文身是早期南方百越民族刺绣的根源。

不难看出，明代不仅承继了早期的侗布纺织染工艺，进一步完善了以侗锦为代表的织工艺，刺绣工艺的出现也为侗布形态的多样性提供了一种新的手段。

（三）清代侗布技艺的表现

清代是侗族服饰面料种类与技艺繁盛的时期，侗布、侗锦已经闻名于世，编结、染色、纺织、刺绣技艺在这一时期全面发展。由于不同侗族支系的生活环境和习俗有所不同，其侗布织造技艺的侧重点也有所不同。

侧重刺绣技艺的侗族支系，服饰则形成重绣风格。重绣，指侗族女子服饰面料以绣为主要技艺特征，重绣的风格以贵州地区为主。我们在前文已经提到《黔苗图说》中贵州阳洞罗汉苗女子"发鬓散绾，插木梳于额，以金银作连环耳坠，胸前刺绣一方，银铜饰之……"《皇清职贡图》（卷八）中也记载罗汉苗支系，"妇人散发绾……或止系长裙，垂绣带一幅，曰衣尾，能养蚕织锦。"《黔南苗蛮图说研究》中提到车寨苗妇女"椎髻，以花布缠首，短衣长裙，工针黹。"这里提到了贵州车寨侗族"工针黹"的刺绣记录等。以上文献都提到了清代不同支系的侗族刺绣服饰与技艺，可见清代时，侗族刺绣已经成为服饰技艺中的主要装饰形式。

侧重织锦的侗族支系，服饰材料则形成了重锦风格。重锦风格以贵州的榕江、黎平、天柱，湖南的靖州、通道等侗族聚居地为主。如在康熙年间，胡奉衡写的《黎平竹枝词》中就有"峒锦矜夸产古州"之句，古州即今天的榕江、黎平地区。乾隆年间，贵州天柱的曹滴洞侗锦有"精者甲他郡""滦之水不败，渍之油不污"的特征。至光绪年间，《黔南苗蛮图说研究》第七十九种峒人条记载，侗锦在镇远府及石阡郎溪司者，多以苗姓……所织之布曰峒布，细而有纹。综上，在清代不同时期，侗布技艺在不同的侗族支系中各自发展繁荣。纺织技艺的全面发展与材料的多样，造就了清代侗布种类的繁多。同时，自织自染自绣的侗布不仅成为人们的日常生活服饰之用，亦是侗家人提高经济收入的一种手段。

古代侗族先民们在结草成衣、织布制衣、五色斑布等造物过程中创造出编、染、织、绣等技艺手法，形成了侗族服饰的材料语言和造型符号，建立了以上衣下裳为基本形制，以包肚、飘带为服饰配件，以银饰、刺绣、织锦为装饰风格的服饰体系。由此，侗族女性的手工

---

❶ 孙诒让.周礼正义（卷七十九）[M].王文锦，陈玉霞，点校.北京：中华书局，1987：3307-3308.

技术发展史也是侗族服饰材料的发展历史，它伴随着侗族社会的发展一步步向前迈进，在每一个历史阶段不同技术的出现和完善过程中，逐渐发展成一个完整而独特的侗族女性技术与文化系统。

第三节　现代侗族女子手工技艺特征

近现代是侗族女子传统手工技艺革新的时代。从清代末年到中华人民共和国成立之前，人们的生活处于动荡时期，侗族虽然地处湖南、广西、贵州等边远地区，其社会经济、政治、文化也同样受到冲击与影响，但侗族女子的手工制作依然是人们生活中的主要部分之一。这一时期，亮布是侗族女子技艺与服饰发展较为突出的一种材料。刘锡蕃在《岭表纪蛮》中提道："蛮人衣裙，多为布料，在桂省内绝少绒呢皮料之物。……自灰色化以下之各种蛮族，所着衣裙，完全为其手制，故蛮人妇女，无人不善纺织。其工细者，数月而成匹，曰'娘子布'。其质为苎蔴，染青色，九洗九染，布敝而色犹新。"❶即在与外界接触不多的地区，所穿戴的衣裙以手工制作为主，仅其染织工序就需要"染青色，九洗九染"，与现在的侗族亮布工序相近。《岭表纪蛮》中记载"……种棉、染织、缝纫、诸事成于一人之手……一物之成皆耗时甚久。"可见这一时期服饰制作过程皆以手工制作为主且耗时长。民国时期，杨森在《贵州边胞风习写真》中提到，苗夷社会仍滞留在农业时代之初期状态中，故其生产方式颇具有原始性，为农业及手工业之结合，所谓男耕女织即是此中生活最简单之代表。除农耕之外，还从事各种工艺品的制作。中华人民共和国成立之后，手工技艺依然是侗族女子生活中不可或缺的劳作之一，侗族服饰虽然融入了大量的外来元素，但依然保留着传统手工技艺。直至20世纪末期，许多边远山区的侗族村落还保留着自然经济与农耕经济相结合的一种社会生产方式，侗族女性把传统的手工艺作为家庭生活的主要任务。

在科技高速发展的21世纪，交通条件的改善，尤其近年来高速、高铁的开通，使得边远侗族村落与都市文明越来越近，手工技艺在现代文明、科技的冲击之下也日渐衰落，但在国家非遗政策的支持和保护之下，当下侗族社会传统手工技艺也在逐渐以保护村落文化、非遗传承等方式进入新的历史发展征程。

---

❶ 刘锡蕃.岭表纪蛮[M].台北：南天书局有限公司，1987：64.

一、编

编结这一技艺的主体是侗族女性群体，她们编结的目的也大都是用作自己或儿童服饰中的装饰。在第三章中探讨了侗族女子嫁衣中"结"饰的母爱语言，本章节在此基础上探讨侗族女子的编结技艺与装饰特征。

传统编结技艺在侗族服装整体形制中的表现有两个方面：一方面是保留着原始的手工编织技艺；另一方面是机织，即纺与织。作为手工编结技术的延续主要有上衣的系带、背部的结饰，以及衣上的线绳编结等，依然遗存在现代的侗族服饰中，尤其是在侗族节日盛装如嫁衣中表现得最为全面，嫁衣边饰中的辫线、绕线、背饰与腰饰系结等编结技艺尤为突出。这些技艺在侗族女性的不断创新中，逐渐从简单的双线缠绕、多线缠绕到绕线缠绕等手法，形成了不同样式。现代侗族女子的传统编结技艺主要包括辫线工艺、绕线工艺、盘结工艺、流苏工艺四类。

（一）辫线工艺

线是编结的基础，侗族的编结有麻线、棉线、丝线等不同材质，结构上有单线、双线等。材质与结构不同，其功用也有所不同。最早使用的是天然的麻纤维线，随着种棉技术和养蚕技术的传入，棉线与丝线逐渐代替麻线的地位，成为侗族服饰中最主要的材料。盛装中以重绣为主的侗族均大量使用棉线与丝线，重银的侗族则以棉线居多。

辫线属于手工编织中的斜编技艺，即多重经线交叉编织的一种方法。最早是以两组经线交叉编织，后来逐渐增加至多重经线交叉编织。其结构形式可分为单层和双层组织，单层结构的辫线有早期的双线编织的席纹和三线编织的辫发式样。如距今约4700年前，在浙江省吴兴钱山漾遗址出土的一条丝带是我国最早的斜编丝织物。这条丝带宽4.44～5.85mm采用了类似编辫子的单层编织方法。双层结构辫线工艺是上下两层相互交缠的一种形式，这种双层结构的辫线工艺较为复杂，主要流行于秦汉时期。现代的辫线工艺大都以单层结构为主，主要强调丝线的色彩变换，从而达到视觉上的华丽效果。

侗族辫线主要是以单层结构多重经线构成的一种编结式样，一般由多根相同粗细的线编结而成，以3根线为最基础的根数开始，逐渐形成了4根、8根、9根、12根，最多达到16根。根数越多，辫线的宽度就越宽，即以线成面。以12根辫线为例，有以单一色辫线为主，也有两种色各占一半的编结。辫线一般与装饰部位的主色调相同，作为纹样的边饰，衬托主体纹样，增加和调节服饰的整个色调。如榕江乐里地区服饰色彩以浅黄、浅绿、浅紫等浅色系为主，因此辫线的色彩以白色和浅色为主，与整件服装色调协调统一。而黎平尚重地区服饰以绿色为主调，辫线的颜色有以草绿和墨绿组合、草绿和黑色组合两种。

12根辫线的编织流程较为复杂，具体如下（图6-6）：

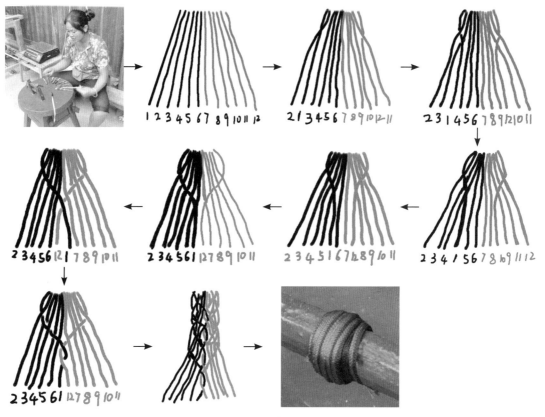

图6-6 侗族辫线编织过程

第一，将12根线分别缠绕在卷轴上。

第二，12根线的线头打结固定在木架上，每一个线轴均匀地分开摆放在木凳边缘。

第三，从两边最外侧的线同时开始，向中间逐次与其他线相互交叠，直至达到中心位置，两线相互交叉。

第四，重复上一步的步骤，再将最外层的两根边线继续向中间交叠。

第五，依照这种顺序将12根线交叠形成一条辫线。

（二）绕线工艺

绕线是编结技艺遗存下来的另一种形式，是古代常见的编织方法。其结构是用一根经线和一根纬线回绕编织而成，与花丝工艺中的螺丝纹接近。绕线的编织工艺与藤蔓植物缠绕树木生长的方式一样，来自对大自然的模仿与借鉴。绕线是侗族编织与刺绣中重要的线材之一，其特征是由两根线相互缠绕而形成新的结构线，这种新线材由于是双线结合旋转而成，具有一定的体积和韧性，在刺绣过程中往往作为纹样的边缘造型线或是装饰线，形成立体的肌理效果，因此是一种以线成体的编结艺术。

绕线一般以麻、棉、丝、棕榈、马尾等作为主材，最为典型的就是水族马尾绣的螺丝线，以马尾巴毛作为绕线的线芯，"马尾绣"的名称也因此而来。绕线编结过程并不复杂，人们常以一个纺锤和一个可悬挂的重物作为坠体，如铁锁、铁环等，在木楼门或者其他可悬挂的地方找一个固定点即可进行。以榕江乐里绕线工艺为例，用一根粗的麻线或棉线作线芯，将线芯一端固定在一个支点上，支点可以是房前屋后的某个点，如门把手或窗格上等，另一端固定一个重物，重物一般选用家里随手可用的门锁或铁环（图6-7）。完成的绕线有着一定的肌理效果，能够作为纹样的边缘线来装饰侗族服饰。

绕线过程   绕线成品   刺绣使用的绕线

图6-7 贵州榕江县乐里镇侗族绕线过程与运用

（三）盘结工艺

盘扣即是由"结"发展而来，也称盘纽、布扣等，最早可追溯到唐代。元明时期，盘扣逐渐替代布带，直至清代满族服饰中大量使用盘扣，使得盘扣成为服饰的主要组成部分，也成为侗族服饰中主要的配件之一（图6-8）。古代的侗族服饰中并无扣的存在，系带打结是服饰的主要固定方式，但随着外来文化尤其是汉族服饰的影响，侗族服饰在系带打结的功能性前提下又逐渐融入了钱币扣、铜扣、银扣等作为装饰元素（图6-9）。盘扣的结构主要由扣襻、扣结、扣门、扣花这四个部分组成。扣花是盘扣中主要的变化部位，盘扣的造型也因此以扣花的形态来命名。

图6-8 侗族女子盛装中亮布材质的盘扣   图6-9 现代侗族女子盛装中的钱币扣、银扣与铜扣

侗族盘扣以亮布为主材，亮布的硬挺度非常适合盘扣编结。制作时，先将亮布剪成条状，再缝合成圆柱状的绳线。然后依据不同造型需求进行盘结，其制作流程与工艺主要包括裁布条、折叠、缝合、缠绕等，具体如下（图6-10）：

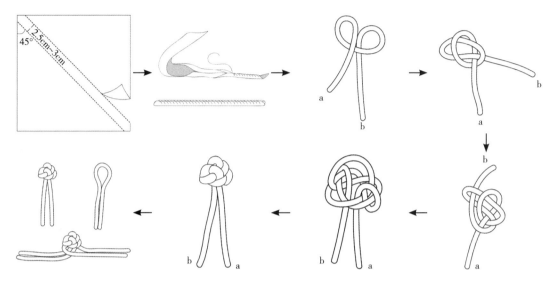

图6-10　侗族服饰中一字型盘扣制作过程

第一，沿着一块正方形亮布的对角线裁剪一根宽3cm的斜丝布条。

第二，将斜丝布条沿中心线对折，再将两侧毛边向中心线卷入，缝合成一根宽约0.5cm的细布条，布条长度根据所设计的盘扣形状而定，一般一字形盘扣长度约20cm。

第三，将a线、b线交叉，a线在上，b线在下，形成双耳式样。

第四，将b线圆环塞入a线圆环中。

第五，将b线头压过a线头，并穿过塞入a圆环的b圆环中，a线、b线头分居两端。

第六，将a线、b线头分别折转穿过中心交叉的孔中。

第七，将缠绕在一起的每一段线相互拉匀，最后向下拉紧，完成蜻蜓式扣结。

第八，将剩余的a线、b线用针线缝合形成一字形盘扣。

（四）流苏工艺

流苏也称为旒、缨、穗子，是侗族服饰中最具动感的装饰之一，一般在披肩、围裙带和飘带的边缘处均悬挂着一排密密的流苏，与头部的簪花遥相呼应。

侗族服饰中的流苏造型有条形、方形、鱼形、圆锥形、宝剑头式、珠串式、铃铛与百宝箱式等种类。流苏的装饰依据服饰的位置不同来进行搭配，大都用来作为服饰中的头巾、披肩、飘带、腰带头和童帽后缀等部位的装饰，其材质有丝线、银、塑料球、羽毛、白铜片等。重银地区的流苏以银为主材，包括头上的簪花流苏、童帽中的银铃铛与腰带上的鱼形流苏等（图6-11）。这些流苏会随着人的走动而晃动，形成清脆悦耳的铃声，与穿戴在身上的服饰形成动与静的强烈对比。重绣地区的流苏以丝线、羽毛为主材，银材料为辅助，形成密集型排列的流苏，如披肩、飘带与围裙边缘的线条性彩色流苏，中间间隔着银质的牛头和铃铛流苏，与服饰中静态的刺绣纹样遥相映衬，也形成了动与静的对比（图6-12）。

腰带流苏

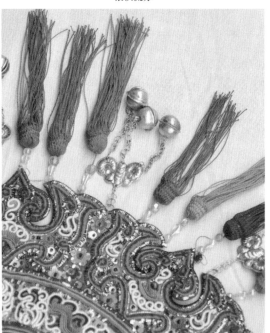

银钗流苏

童帽流苏

披肩流苏

图6-11　侗族重银地区不同部位的银流苏装饰

腰带流苏

头帕流苏

围裙流苏

飘带流苏

图6-12 现代侗族重绣地区服饰不同部位的羽毛、丝线流苏

二、纺

　　古代编织技艺遗存在侗族服饰中所表现出来的另一方面是纺与织。纺织是侗族人从最初的编结中逐渐发展而来的具有开拓性的技艺，编织技艺向纺与织的演变也带动了服饰形态的进一步发展。我国南方民族在春秋战国时期就已经开始使用纺织技艺，汉代《越绝书》中记载，越

王勾践种麻作弓弦，种葛使越女织葛布。清代《百苗图》的不同版本中记录了洪州苗等纺织葛布。洪州等地区的葛布织造驰名于世，并且作为贡布向朝廷大量供应。

伴随着葛布的发展，丝与棉材质也在侗族地区流行。南方地区的桑蚕也对侗族服饰材料有着很大的影响。经历楚灭越之后，秦始皇的南征以及汉武帝对南方百越民族的统一，形成了大量的越人南迁，为南方蚕丝业的发展提供了有利条件。蚕丝的发展也为侗族服饰编织技艺提供了帮助。南迁后的越人，由于地理环境的影响而不断迁徙，使得养蚕业不再作为主业，但养蚕缫丝技艺在侗族地区存留下来，蚕丝面料和蚕丝线作为珍贵的装饰辅料在服饰中使用，丝线的编结技艺和刺绣工艺也大大提升。关于棉何时传入侗族地区，追溯到古越人时期依然无从查考。据《百越民族史》记载："近年在福建崇安武夷山白岩洞船棺中，出土的大麻、苎麻、丝绢、棉布等纺织品，其中一小块青灰色棉花，经碳十四测定距今已三千四百余年，是我国发现最早的棉布之一，是三千多年前百越人的文化遗存。"[1]可以推测侗族先民们棉花栽培的历史应该早于中原地区。棉的广泛种植和使用为编织技艺的进一步发展提供了强有力的保障。

在养蚕业发展和棉花普遍种植以后，人们开始了以丝、棉为材料的纺织时代，纺织技艺也逐渐精湛且有着多样的形式。《黔书·续黔书·黔记·黔语》中载侗锦："黎平府洞锦出曹滴洞司，以五色绒为之，皆苗妇（这里指侗族女性）所织，精者甲于他郡。又有诸葛洞锦出古州，皆红黄棉纱所织。"[2]《百苗图抄本汇编》中载洪州苗、阳洞罗汉苗、洞苗等女子纺织侗锦已经成为日常生活中的一部分（图6-13）。中央民族大学李德龙教授的《黔南苗蛮图说研究》中记载了镇远与石阡等北部侗锦"细而有纹"（图6-14）。可见在清代，侗族的纺织业已经非常成熟和发达，人们不仅能够纺织各种纹样的单色素锦，彩色织锦的纺织技艺也达到了一定的高度，如用五色绒线、红黄棉纱等不同材料进行纺织。

洪州苗　　　　　　　　阳洞罗汉苗　　　　　　　　洞苗

图6-13　清代洪州苗、阳洞罗汉苗、洞苗的织锦场景（图片摘自：杨庭硕《百苗图抄本汇编》）

[1] 张柏如.侗族服饰艺术探秘[M].台北：汉声杂志社，1994：27.
[2] 田雯，等.黔书·续黔书·黔记·黔语[M].罗书勤，等点校.贵阳：贵州人民出版社，1997：224.

图6-14 清代洪州苗的织锦场景（图片摘自：李德龙《黔南苗蛮图说研究》）

（一）纺棉

纺棉先要制棉，即对棉花进行脱籽、松软、卷筵等，使之能够用来纺成纱线。

木棉在去掉棉籽之后，要使之变得松软才能纺出精细均匀的纱线，一般需要将棉花用弹弓将棉纤维松软开来。侗族弹棉技艺在宋元时期还未普及，如在元代《辍耕录》中提及松江地区"初无踏车、椎、弓之制"，这里提到元代南方地区还没有弹棉工具，可以推测弹棉技术亦没有普及。至清朝时期，侗族女子已经普遍使用弹弓作为棉纺织技术的工具（图6-15）。

洞苗   洞家苗

图6-15 清代《百苗图》不同摹本中洞苗、洞家苗女子肩负弹弓的场景

卷筵又称搓棉，侗语称为"tap minc"，即把弹得松软的棉花搓成圆筒空心条状。这种用双手搓成的空心棉条与机器生产梳理出来的棉条大致相同，空心更加有利于纺纱时棉纤维环绕着中间圆孔顺利被牵引而出。在现代侗族地区，依然保留着卷筵技艺。如从江、榕江等地的侗族主要用竹节和绵矩工具进行卷筵，其工艺流程是将一片弹松的棉片均匀放置在一块平整的木板上，用右手拿住一根长约30cm的光滑竹节放在棉片上，从边缘处卷起，左手拿起绵矩将棉和竹节一起擀压，棉片随着竹节卷起形成细长型筒状棉条（图6-16）。

铺棉　　　　　　　　　　搓棉　　　　　　　　　　　　　擀棉

图6-16　现代贵州侗族女子卷筵

（二）纺纱

侗语将纺纱称为"xyasminc"，即将卷筵好的棉条加捻使其成为纱线。最原始的加捻是手工加捻技术，即将线放置在掌心，双手合拢捻搓成纱或线，又或者把线放置在大腿上用手搓就而成。双手是纺纱线最原始的工具，在不断的实践过程中，人们逐渐把手捻技术转变成纺轮、纺车纺纱。早期的纺轮纺纱，是将纺轮与纺杆组合，通过纺轮的重量和旋转而使加捻的棉条变成纱线缠绕在纺杆上。依据《百苗图抄本汇编》中对清代洞苗女子纺轮纺纱技艺的描绘（图6-17），可以看出清代侗族女子利用纺轮工具纺纱较为普及。同时，依据现存侗族地区服饰中的辫线与绕线工艺，以及远古时期侗族对葛、藤、麻等材料的使用可以推测，侗族地区早期女子纺纱技艺也经历了从手捻到纺轮纺纱的过程。

在田野考察中，目前侗族地区手捻式的纺轮纺纱工艺已经基本被纺车代替。手摇纺车是贵州侗族最常用的纺纱工具，在从江和黎平的侗族中普遍使用（图6-18）。脚踏纺车则在榕江侗族妇女们中使用，纺纱时坐在一个高凳上，纺车在正前方安放好，按照个人的习惯，一般车轮在右，双脚踩踏板，带动车轮转动，车轮带动传送带，传送带带动纺锤转动，左手轻轻捏着棉条，随着纺锤的转动缓慢放出棉纤维，右手在纺锤上方整理纱线（图6-19），这样循环往复，一锭锭纱线就纺成了。

图6-17　清代洞苗纺轮纺纱（图片摘自：杨庭硕《百苗图抄本汇编》）　　　　　图6-18　现代贵州从江县小黄村
侗族手摇纺车

现代贵州榕江县三宝村侗族脚踏纺车　　　　　　　　现代贵州榕江县木里村侗族脚踏纺车

图6-19　现代贵州侗族不同村寨的脚踏纺车

　　手摇纺车与脚踏纺车皆属于侗族地区常用的两种纺车，脚踏纺车一般适用于蚕丝，手摇纺车则适用于木棉。《蚕桑萃编》中对手摇纺车与脚踏纺车的区别做了详细的记载："丝绵纺车与木棉纺车异，木棉纺车芒短易扯，一手搅轮，一手扯棉，便纺成线。丝绵芒长，力劲难扯，一手执茧，一手扯丝，必须用脚踏转车方能成线，此脚踏纺车式也。"[1]无论是手摇纺车还是脚踏纺车，二者皆属于小纺车类型，正如元代王祯在《农书》中记载："木棉纺车，其制比苎麻纺车颇小"。侗族地区自从有了棉花种植以来，棉就成为人们穿着的主要材料。同样，明清时期，蚕丝在侗族地区也大量生产，因此脚踏纺车和手摇纺车均是为了适应这两种材料而形成的。

❶　卫杰.蚕桑萃编[M].北京：中华书局，1956：254.

三、织

在上一节古代侗族女子技艺中谈到侗族服饰材料的形成，从早期的以树皮、树叶为衣，到藤葛纤维布，再到斑布、绤、练、娘子布、侗锦等，可以看到侗族服饰材料伴随着侗族女子技艺的发展而逐渐丰富繁盛。在现代侗族女子传统手工技艺中，虽然许多侗族服饰中使用了现代机械织布为原料，但传统织布、织锦工序与流程依然保留在大部分侗族的日常生活中。绞纱与绕纱、浆纱、排纱、穿筘与梳纱等在侗寨也较为常见，尤其是在农闲季节，小小的村落中，经常能看到侗族女人们三五成群在一起忙碌地绕纱、排纱场景。

（一）绕纱

绕纱，在侗族也称为绾纱，侗语为"badsmeec"，就是将纺在纱锭上的纱线缠绕出来，固定在竹纱笼上待用。绕纱工具主要有绕纱架、绕纱车、绕纱床等。侗族常见的绕纱方式包括纺轮车与四角绕线架组合、纺轮车与三角纱架组合（图6-20）。

图6-20 贵州榕江县侗族纺轮车与绕纱三角纱架

（二）浆纱

浆纱，即纱线上浆，用浆液把棉线边缘绒毛收服，形成光滑、硬挺的纱线。纱线被"穿经上纬"之后，纺织成布，其布面也会更加地平整和富有光泽。侗族浆纱的材料主要有白芨、豆浆和薯蓣。薯蓣也称山药，根含淀粉和蛋白质，具有一定黏性，一般生长在山谷、溪边和路旁的灌木丛中。白芨属于多年生长的草本植物，根部呈块状，有清热止血的功效，也有一定黏性。在这三种上浆原料中，薯莨属于较为原始和功效较好的一种，豆浆则较为普及，常用于交通比较便利的侗族地区，白芨则次之，在一些边远的侗寨依然有侗家妇女使用薯莨和白芨作为浆料。上浆的过程为：先将山上挖来的白芨或薯莨洗净煮熟，捞出春烂，再放入锅内加水熬煮成糊糊状，过滤出液体，把棉纱放进液体内揉搓使得液体完全浸入棉纱内，最后拧干、晾晒棉纱。

（三）排纱、穿筘与梳纱

排纱与梳纱主要是编排和梳理经纱。排纱需要一个空旷的场地，其过程较为复杂且耗时，由三人以上合作完成。如图6-21所示，一人先将竹片固定在排纱凳的正前方，然后把竹笼上的纱线穿过有孔的竹片，将穿过孔的纱线全部拉出传给第二人绕过木齿凳上的齿轮，再传给第三人，再绕到下一个木齿上，循环往复，纱线绕至织布所需经线的长度即可。排纱工具由两个木齿凳和一个木杆组成，呈"工"字形，两端用两条长约2m的木质长条凳作为支架，在长条凳平面上插7根锥形圆木桩，每个间距10~12cm，像齿轮一样，称为木齿床。用两根长约500cm的木杆将两端木齿长凳两边连接起来，形成一个长方形的框架，在中间搭几块平整的木板，就形成了一个简易的木齿床。木齿长凳的腿要比一般的木凳大而高。

经纱排好之后进行穿筘，筘的侗语称为"ov"。在织布机的构件中，筘是一个核心且独立的部件，也是排经纱的必备工具，其功能主要是梳理经纱、分隔经纱和确定侗布的精细度。其

图6-21　排纱

形态有大有小，一般宽度一致，长度有一定的区别，有320筘、640筘、800筘、960筘等之说，筘数越多，织造的侗布越细密，质量越高。筘的构造有很强的规律性，是由一根根削得非常薄的竹片按照一定的间距排列成一个个筘齿，上下用麻绳将每一根竹片按照一定的间距固定缠绕，每个竹片间隙越小，筘齿数越多，织造的侗布就越细密。每台织布机都相应配备不同筘齿数的筘子。同时，筘子使用得越久，竹片就越光滑，对经线的走动与穿插就更加地自由，每个筘能够使用很多年。筘的制作工艺具有很强的技术性，也是侗族祖辈们遗留下来的手艺，传承至今。如图6-22所示，穿筘过程即用一带钩的竹片将纱线穿过筘齿中，每一个筘齿穿两根纱线，将穿在筘上的纱线分成几组编成辫子固定在羊角架上，将编成辫子的头压入经轴的卡槽里。这一过程非常精细，需要耐心和细心，每一根纱线与筘齿之间的穿梭来往都需要非常精确。

筘穿好之后梳理经纱，将每一根棉纱从头到尾用筘梳理整齐和顺畅。由于经纱的长度决定布幅的长度，一般经纱的长度在500~660cm，因此梳纱需要宽敞的场所。如图6-23、图6-24所示，将排好的经纱拉长，一端由人固定，另一端固定在树干或房屋的柱

图6-22　穿筘

图6-23　梳纱

图6-24　整纱

子上，使得经纱呈直线拉开，用筘一点一点地梳理与整理，整理好的经纱用卷经轴卷起来，直至所有经纱整理完毕。

侗布的织造程序也非常复杂，浆纱、排纱、梳纱的前期准备一般要求心、眼、手、脚、脑协调一致，到上机织造时须平心静气、顺畅地完成开口、引纬、打纬、卷取、送经五大运动，才能织出好的侗布（图6-25）。我们可以从侗族的织布歌中来体会侗家人织布的技艺过程。

织布歌❶

绞车架上去棉籽，弹花老将笑呵呵。

手举弓锤上下舞，弓弦相碰高唱歌。

花仙忙把花来扦，纺车嗡嗡转旋螺。

夜来灯下把线纺，米汤浆成挑下河。

河中去把纱线洗，竹竿举起晾屋角。

门前栽桩把线牵，布梳理伸上楼阁。

织布机子安窗下，脚踏布梳手抛梭。

织得平布三百匹，织得裹脚五百棵。

斗纹斜纹凭手巧，心灵手巧织绫罗。

图6-25　侗族平纹织布机

❶　李建萍.贵州省从江县小黄侗寨的织染工艺与民俗[J].古今农业，2007（1）：111.

四、染

现代侗族地区的染织技艺虽然在不断地减少和消失，但在一些偏远地区依然存在，种蓝靛、制染液、染布依然是侗族女性日常生活的重心（图6-26）。

图6-26　贵州黎平县黄岗村制作蓝靛场景

现代侗族传统染织技艺有两种：一种是染线，将纱线染色后，通过织机进行织造，形成侗锦；另一种则是先织好布再染色，将织好的白色侗布进行染色处理形成特有的蓝色侗布，再制作成衣。其中亮布工艺是染布技艺中最为珍贵的一种，靛蓝的蓝与茜草、紫草的红结合而成的暗红色调，成为侗族服饰保留下来的极具特色的一种风格，也是对古代侗族染色技艺所保留的非常重要的一种样式。侗族的亮布染料主要包括蓝靛、茜草、紫草等草本植物以及豆浆、薯莨等用于上浆发亮的材料。服饰中亮布以暗红色为最好，其中紫草、茜草、榕树枝等作为红色染料。在现代的侗族传统染色中，有些地区会用蛋清和牛胶来代替薯莨、豆浆等材质。

侗族亮布有着光泽度和光滑感，以棉布为主材，以蓝靛色为主调，以暗红色为辅助色，强调视觉上的光亮润泽和触觉上的光滑细密。它集多种植物于一身，是模拟动物皮质的一种植物皮草，不仅具有一定的药性，而且包含着侗族的多重文化意义。亮布的制作工艺流程复杂而耗时，从一个细小的天然纤维变成一根纱，从一根纱再织成一块坯布，经过反复浸染、千锤百炼，最终完成一块亮布的制作。其技艺过程包括制蓝靛、制染液、蓝染、红染、上胶与晾晒、捶打、蒸煮与晾晒等一系列过程。

（一）制蓝靛

蓝靛是侗族亮布的主要染色材料，制作蓝靛是侗族服饰中的一项古老的传统手工艺。侗族地区能够用来制作蓝靛的植物材料有马蓝和木蓝，其制作过程主要包括采摘、浸泡、沤制、提取四个流程，具体步骤如下：

第一，采摘蓝草。一般在夏天的早晨，侗族女子忙完家里的杂事，就会戴上竹筐去坡上采摘蓝草，用弯刀将蓝草的枝叶割下，放至竹篮中（图6-27），留下蓝草的主干，使其可以再生长出枝叶，循环采摘。两个竹篮的蓝草足可以浸泡成一缸。

第二，浸泡蓝草。将采摘回来的新鲜蓝草枝叶在溪边清洗干净，放进大缸中，加入溪水或者井水，用竹盖和石头压住蓝草，使蓝草完全浸没在水中（图6-28）。

图6-27　采摘蓝草　　　　　　　　　　　　　　　　图6-28　浸泡蓝草

第三，沤制蓝草。将浸泡着蓝草的木桶放置在室外有阳光的地方，沤制约一周时间。蓝草逐渐变黑，在温度与水的作用下逐渐腐烂（图6-29）。

沤蓝第二天　　　　　　　　　沤蓝第三天　　　　　　　　　沤蓝第七天

图6-29　沤制蓝草

第四，提取蓝靛。把沤制了4～7天的蓝靛木桶打开，将腐烂的蓝草枝叶捞出，放在竹篮上过滤。过滤完成后，将一瓢石灰粉倒入一个布袋中，再浸在蓝色液体中。待石灰粉完全溶解之后，用瓢或盆搅拌液体，连续重复几百次，直至缸内液体充满蓝色泡沫，最后加清水使得缸内的蓝靛稳定下来并沉淀形成固态。舀出缸内的水，缸底的固态蓝靛便呈现出来（图6-30）。

①捞腐枝　　　　　　　　　　②搅拌　　　　　　　　　　③沉淀

④提取青花　　　　　　　　　⑤去水　　　　　　　　　　⑥收固体蓝靛

图6-30　提取蓝靛

（二）制染液

染液的配置是染亮布的重要一步。制染液侗语称为"jivgangl"，所用容器和沤制蓝草的缸一样，口大、容量也大。盛放的位置有着一定讲究，一般都是放在木楼一层光线较阴暗，外人不容易接触到的地方，不像沤制蓝草的染缸那样可以放在溪边或水塘边。侗家老人常说，染缸就像未出嫁的姑娘一样珍贵，不能接触到任何不干净的东西。制作染液的材料不仅仅是蓝靛，还需要稻草灰以及侗家人酿制的白酒等。具体步骤如下（图6-31）：

第一，制稻草灰。取一堆干稻草进行烧制，再将稻草灰放置于竹篮内。

第二，制碱水。用清水把稻草灰过滤，因稻草灰中含碱，由此可以得到一定量的碱水。

第三，取蓝靛。取两瓢固体蓝靛，一瓢蓝靛有五六斤的重量。

第四，搅拌。将蓝靛倒入木桶中，加入干净的泉水或溪水进行搅拌。

第五，添加配料。加入两斤自己酿制的糯米酒和甜酒，再用蓼草在缸沿口揉擦使其汁液流入液体中。蓼草有一种辛辣的味道，具有一定的药用功能，可以使染缸内的染液变得更加优质。材料添加完备之后用木棒搅拌均匀，缸口盖上木板，让其发酵十天左右，再用木棍搅拌液体，使得整个缸内的染液发酵均匀融合。

① 烧稻草　　　② 过滤稻草灰获得草木灰碱水　　　③ 取蓝靛

④ 搅拌　　　⑤ 添加蓼蓝汁液　　　⑥ 添加糯米酒

图6-31　制染液

（三）蓝染

蓝染是侗族亮布的主要流程，一块亮布需要循环往复浸染多次，才能得到相应的色调，具体步骤如下（图6-32）：

第一次蓝染。第一次染布也称为"去白"，即将洗净折叠好的白色侗布一段一段有序地放入染缸中浸染，待布全部浸透之后，放置半天，这时布变成灰绿色，再一段一段取出放在晾布架上过滤染液，使其氧化。第一次染的蓝色较浅，要想染出亮布的深蓝色，需要多次浸染。

第二次蓝染。待第一次浸染的水分稍干之后，开始第二次浸染。浸染时把布放置在染缸中浸泡约半天时间，使得布匹呈浅蓝色，然后捞出滤水。

第三次蓝染。将第二次浸染后的蓝布晾干，再进行第三次浸染，浸泡约半天的时间，捞出清洗之后晾晒。

① 第一次蓝染　　② 第一次晾晒　　③ 第二次蓝染

④ 第二次晾晒　　⑤ 第三次蓝染　　⑥ 清洗　　⑦ 第三次晾晒

图6-32　染布过程：三次蓝染和三次晾晒

（四）红染

将布染成深蓝色之后，再进行红染。在蓝染的基础上进行红染，形成暗红色的侗布，再进行后续的上胶、晾晒、捶打、蒸煮的流程。在这个过程中，上胶、染色、捶打等反复进行多次，才能制作出一块完整的侗族亮布。因此，红色染液的制作也是亮布染制重要的环节，侗族母亲们认为红色是亮布的灵魂，她们常说做红色，说明布的质量就越好，布就有了"心"。具体红染步骤如下（图6-33）：

第一，采摘红色染材。红色染材需要去山上采摘，如榕树的枝叶、板栗的树根、金刚藤根茎等。

第二，舂碎枝叶。通常把榕树的枝叶放入石槽中舂碎待用。

第三，红色染材整理待用。将板栗树根、金刚藤根茎等砍碎洗干净后舂碎待用。

第四，熬制红色染材。将榕树碎叶与金刚藤根茎一起放入锅内加水熬煮至液体呈暗红色。

第五，过滤红色染液。把红色液体中的渣子过滤干净，将液体倒入盆中，加入清水，使之慢慢冷却。

第六，红染。将卷好的蓝染侗布一段段打开染色，一边染一边搓揉，一边卷，使得每一寸布都能够浸染到红色液体，均匀上色，再继续晾晒。

① 采摘红色染材　　　　② 枝叶倒入石舂　　　　③ 舂枝叶

④ 枝叶舂碎待用　　　⑤ 红色根茎染材敲碎待用　　　⑥ 熬制红色染材

⑦ 过滤红色染液　　　　⑧ 红染染液　　　　⑨ 晾晒

图6-33　制红色染液、染色

（五）上胶与晾晒

上胶，侗语称"上皮"，即给染色布上一层胶固色，使之光亮不容易脱色。具体过程为：将染好的蓝布的正反面确定好，做好标记，鸡蛋清搅匀，平均每一卷布需要鸡蛋二十多个，将晾干卷好的布一节节放出，刷上鸡蛋清，边刷边卷，使得每一块布都能够刷到鸡蛋清，直到最后整卷布全部刷满鸡蛋清之后，晾晒（图6-34、图6-35）。

图6-34 上胶：刷蛋清

图6-35 晾晒

（六）捶打

经过多次染色、上胶和晾晒之后，布有了厚、硬和脆的质感，此时将布进行再次捶打，使表面的胶质融入布经纬线的缝隙中，侗布的光亮度和光滑感由此形成。

捶打时要将布叠整齐放在平整的青石板上，用木槌一点点按照顺序在布面上锤击，每一匹布捶打3～4遍。经过反复捶打，亮布就完成了，其布面透着暗紫色的光泽（图6-36）。

图6-36 捶打侗布

（七）蒸煮与晾晒

蒸煮是制作侗族亮布的最后一个流程。在完成染色、上胶、晾晒之后，蒸煮的作用则是将蓝染色、红染色以及胶质都固定在布缕中，使得色调和胶质牢固地附着在布料上。具体步骤如下：

第一，蒸煮。一般侗族女性会在木桶的底部放入一些新鲜的紫草枝叶，将晾干的布卷成圆筒状放入木桶内，木桶口用布包裹严实使其不见光，将木桶放置在灶台的木甑上用旺火蒸煮（图6-37）。

图6-37 布放入木桶进行蒸煮

第二，晾晒。侗布放置在木甑里蒸煮半个小时之后，打开木桶，将布卷倒在竹席上并迅速将每一卷布打开散热、晾凉，避免布面上留下热蒸汽冷却后形成的水滴印迹（图6-38）。然后再将布进行晾晒（图6-39），晾晒后收纳成圆筒状放置起来，待农闲和冬季到来的时候再拿出来制作全家人穿戴的衣物。

图6-38　蒸煮后打开

图6-39　晾晒

五、绣

刺绣是一种以针和线共同在布面上穿梭完成纹样的手工技艺。由于线的粗细、色泽、刺绣的针法工艺等不同以及题材的多样，使得刺绣的纹饰具有绚烂华丽、质拙朴素等不同效果。在远古时代，古越人以披发文身为尚，文身则是早期南方民族刺绣的根源。随着麻织品、丝织品和皮毛衣物等逐渐被人们发现并使用，人们开始在这些织物上缝制或拼接不同的纹饰和图形，一方面是为了装饰或记录，使得穿戴上显得好看或是作为身份的表达；另一方面使衣物变得更加耐牢和实用。

侗族服饰中的装饰纹样手法以织锦、刺绣、镶银三种方式为特色。刺绣与织锦在工艺上有所不同，织锦需要用织机织造出纹样，刺绣则是穿针引线、手工缝制成纹样。织锦在湖南通道、贵州黎平洪州等地的服饰中流行，一般以服饰中的装饰配件如头帕、腰带等为主；镶银是在布面上镶嵌银质材料作为装饰，主要分布在贵州从江及黎平部分区域；刺绣的使用则以广西三江以及贵州黎平北部区域服饰为主。

（一）刺绣工艺、色彩与题材

刺绣既是侗族女性生活的一部分，是解决家庭成员穿衣等实际生活的一种劳作，也是侗族社会女性地位和身份的一种代表性符号。服饰中的刺绣符号是侗族女性所特有的一种语言形式，其题材主要包括图腾崇拜、生殖崇拜以及象征一年景的鲜花纹样，如龙、凤、鸟、花以及具有生殖崇拜、女性象征等寓意的纹样，具有传达侗族女性心声，表达母爱、祝福等功能。服饰纹样刺绣工艺包括平绣、绞绣、折叠绣、打籽绣等（表6-2）。

表6-2　侗族刺绣纹样

题材	工艺	构成	色彩	寓意
龙	绞绣、盘金绣、平绣、打籽绣	二方连续、独立纹	白、七彩色、金色	图腾崇拜
凤	绞绣、平绣	独立纹	紫、红	图腾崇拜
鸟	平绣	独立纹	白	图腾崇拜
花	平绣、贴绣	二方连续、独立纹、缠枝纹	红、紫	一年景
云	绞绣	二方连续、独立纹	白	祥云
鱼	平绣、绞绣	鱼龙结合	七彩之色	生殖崇拜
蝴蝶	平绣、绞绣	龙、蝶、鸟组合	紫、红	生殖崇拜

不同区域侗族龙纹造型的材料、工艺、造型均有一定的区别，主要有三种造型：广西三江、贵州从江等地区侗族龙纹以银为材料，其工艺以錾刻镶嵌为主要技艺，造型以蛇身为主体，与汉族的龙纹相近。榕江与黎平地区的龙纹则具有浓郁的侗族本土特色，如按照组成部分可以分为蚕体龙形纹、蛇体龙形纹、蚕体虎形纹等，其形态质朴宽柔。构成上有二龙戏珠、团龙和龙飞凤舞等结构形态。龙的造型形态憨态可掬，所用的刺绣工艺也因其针法的不同而独具特色。黎平尚重中的龙纹中有平绣、折叠绣、套针绣等；榕江地区的刺绣龙纹与尚重区域相近，在刺绣丝线、底料的色彩上有一定的区别。这两个地区的刺绣龙纹与从江地区的银片龙纹的形态形成鲜明的对比。刺绣龙纹的躯体、龙鳞、龙头、云纹在形态上形成有序与无序的对比，躯体由折叠立体三角形整齐地组合成弧形、S形，白色的绕线则无序地围绕着龙体缠绕穿插，形成抽象曲折的形态。龙纹组织形式有双龙戏珠、盘龙、龙凤飞舞等形式。双龙戏珠一般是在服饰的围裙条状绣片上作装饰，盘龙则是在门襟和袖口处作装饰。湖南通道地区侗族则以织锦龙纹为特色，常常以几何形龙纹的形式出现，用作婴儿背扇、肚兜、围兜、婴儿衫等方面。

凤纹、鸟纹、花纹等刺绣工艺也基本上以绞绣、平绣、盘金绣、贴绣等为主要手段。如榕江和尚重地区刺绣鸟纹，其造型有具象和抽象两种类型，具象的鸟纹如鸟与枝花纹样相连，以平绣针法塑造鸟纹形态。花题材的刺绣在侗族服饰中最为普遍，有枝叶连体的花、单体花、与龙凤组合的花纹等，其工艺手法也以平绣、贴绣等为特色。

侗族服饰以暗红色为尚，刺绣以七彩色为贵。侗族服饰色彩一方面来自古代侗族族群早期形成的蓝染技艺；另一方面也受到古代汉族地区婚礼之服的影响。如周代的玄纁之色、唐代服饰中的青色、明代凤冠霞帔的红色均在侗族服饰中存在。其中玄纁与亮布的暗红色非常接近，红色是侗族服饰中的隐秘之色，隐含在亮布之中，也隐含在刺绣的纹样和底色之中，形成了低调的色彩。

刺绣的七彩色与服饰的暗色调相映衬。侗族服饰的多彩色自古有之，在《南史》中就提及"亦染成五色，织为斑布"，这里提及的斑布即彩色侗锦。在田野调查中发现，服饰以暗红色调为主，而配件的色彩则以七彩之色为主调，重银地区将异色布与银饰相搭配形成服饰的配色，重绣地区则以刺绣纹饰的七彩之色搭配，形成以绿色、白色、橙色、红色为主的多彩服饰。

（二）刺绣针法

1.折叠绣与打籽绣

折叠绣，是侗族服饰刺绣工艺中最具代表性的一个种类，也是侗族服饰中独有的一种针法，主要用于服饰中龙纹的躯干部分、凤纹与鱼纹的眼部装饰等，材料包括辫线、彩色绸带。折叠绣技艺特点是由辫线或彩带折叠成一个个立体的站立三角形排列而成，每一个三角形的边缘用缝线固定，三角形与三角形之间紧紧相连没有空隙，构成一个紧密而稳固的立体形态（图6-40）。

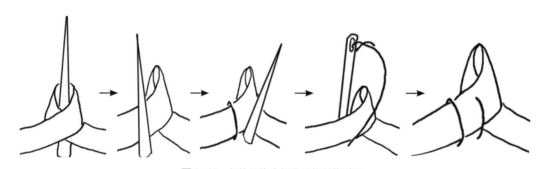

图6-40　侗族服饰中折叠绣的制作过程

如榕江乐里地区服饰袖口处的团龙纹样，由三个蚕虫组合成龙纹主体躯干部分，有呈弧形的，有呈S形的。每一个蚕虫都是由一条绿色丝带折叠固定成两排弯曲站立的三角形构成，如图6-41所示，中间用一条白线做蚕虫的筋骨，再用一根丝带折叠成一个个站立的三角形，紧紧相靠，排列在筋骨两侧模拟成蚕虫的身躯。在蚕虫躯干部位的外侧，用白线盘曲成三个半弧形，用打籽绣将弧形内的空白处填满，模仿出龙鳞的形态。

打籽绣，又称"结籽""圈子针"，是我国非常古老的一种刺绣工艺，最早见于战国。打籽绣的基本步骤是在布面上由下而上插针，将针抽出布面大部分，用针孔所牵带的绣线围着针体一圈或几圈缠绕之后，再将针抽出布面，用手压住绕线，在针迹点近旁跨越绕线，插下绣针，拉紧绣线，绣线压住绕线，就形成了凸起的小颗粒。侗族服饰中的打籽绣与苗族及其他民族的以点聚集排列成面稍有区别，其基本技法是将针从布面自下往上穿插，缠绕线圈固定成凸点之后，线尾

图6-41　侗族服饰中的龙纹折叠绣与打籽绣

拉长到图形所需要的距离固定，形成点线组合排列。打籽绣形成的平面龙鳞与折叠绣形成的立体龙身构成一个龙纹躯干的主体，中间穿插着绕线形成的云纹和龙头纹，将三个同样的龙纹躯干连接成一个整体。

2.钉绣

钉绣，又称"钉金绣""包梗绣"，其纹样线条凸出，立体感与装饰感较强（图6-42、图6-43）。钉绣在晚唐时期便已经流行，在敦煌刺绣立佛像上，钉绣与劈针、平针组合，常被用于边缘装饰。钉绣一般以一根粗线或金、银线做梗，盘曲构成纹样所需要的造型，另一根线通过针的穿引，从布底往布面刺针，从粗梗线的一侧刺出，将针穿引的线横跨梗线到另一边再往布底插针，把梗线压落固定在面料表面（图6-44）。针脚可以是直线排列或花式排列，梗线和压线可以是同材同色的，也可以是异材异色的。侗族服饰中通常用金色线作为梗线，盘曲成一条条龙须或龙尾，用缠针线将每条金梗线一节节固定，形成整齐均匀、发散状的曲面（图6-45）。

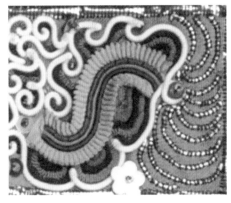

图6-42　黎平县尚重镇侗族女子服饰钉绣

图6-43　榕江县乐里镇侗族女子服饰钉绣

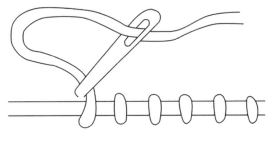

图6-44　直线式钉绣

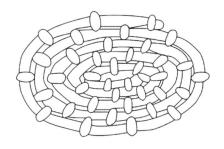

图6-45　曲线式钉绣

3.平绣

平绣，是我国刺绣技艺中的基础绣法之一，使用广泛。其特点是运针平直，针脚与针脚并列平行，形成平直光滑的平面。平绣最早出现于唐代，依据敦煌出现的刺绣品来看，大部分为平绣，其花鸟刺绣与唐代晚期的绘画风格相近，因此平绣可能兴盛于晚唐时期。苏绣、湘绣、蜀绣和粤绣在针法上均以平绣为主。平绣针法有着简单但又多变的特点。我国各地刺绣在平针的基础上又发展演变出了许多独具特色的针法，如抢针、套针、接针、齐针、施针、搀针等。

侗族服饰中的平绣针法主要运用在水口、洪州区域的龙纹，榕江地区的花卉、凤鸟等纹饰中。花卉包括缠枝花和独枝花，其花瓣均是平绣针法。披肩中的龙纹也基本上采用平绣的针法，只是在刺绣时将剪纸纹样一并作底，绣制在其中，使得龙纹的躯体高出布面，形成立体的效果（图6-46）。而在榕江围裙的花鸟纹中，平绣的针法中又添加了套针，运用不同颜色的丝线，将花心、枝叶、鸟羽等都精细地表现出来，使得整个绣面非常饱满丰富（图6-47）。

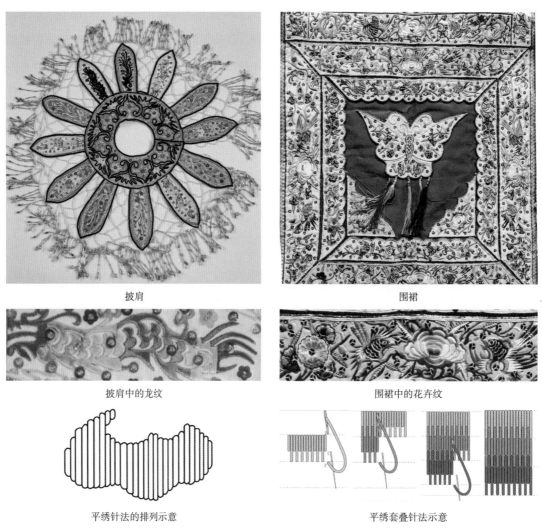

披肩

围裙

披肩中的龙纹

围裙中的花卉纹

平绣针法的排列示意

平绣套叠针法示意

图6-46 侗族服饰披肩中的龙纹、花卉纹平绣针法　　图6-47 侗族服饰围裙中的花卉纹平绣针法

综上所述，从纺、织、编、染技艺工具的形成到服饰材料发展过程的梳理与归纳，将侗族地区的工具如纺轮、纺车、织机等与我国古代的纺织编染技术工具进行对比分析发现，汉族与侗族在古代就已经在种棉、养蚕、织布等技术方面相互交融。通过田野调查，针对侗族服饰中一些即将消失的技术如亮布制作过程、材料、刺绣技艺进行归纳整理，尤其是对侗族独有的折叠绣技艺进行图文分析发现，侗族女性在日常生活中常常通过手工技艺中的思维表达与情感输送等，展示自己的内心活动和对子女的那份母爱之情。

第七章

隐喻的图形：
侗族服饰中的母性符号表达

图像和文字是人类文化的两种载体,在文字没有形成之前,图像是人类认知和记录世界的主要手段。文字的出现,图与文交替而行、相辅相成,成为人类文明发展的符号代表。宋代郑樵在《通志二十略》中提到,"河出图,天地有自然之象,图谱之学由此而兴。洛出书,天地有自然之文,书籍之学由此而出。图成经,书成纬,一经一纬,错综而成文。古之学者,左图右书,不可偏废。"❶但随着文字、语言的发展,图谱渐弱而书独存,文字成为人类的主要工具,掌控着历史话语权力。但不管文字与图像之间的主客体关系如何变换,图像与文字仍是人类认知自然的表现符号。

服饰是人类文化的"体外器官",是人类文化直观的符号语言。侗族服饰有很多种形态,既有直观感性的图形符号,又有抽象隐秘的文字符号,主要包括三大类:第一种是以自然界中的物体形态而归纳出来的自然形符号;第二种是人们对自然宇宙和生命崇拜而产生的图腾纹饰;第三种是多元文化融合而形成的外来符号。在这些符号中,有的已经成为侗族文化的代表性语言,成为祈福、象征等具有一定社会价值与意义的符号。

第一节　现代侗族服饰中的文字符号

西南少数民族中有一些民族有自己的文字和语言,如水族的"水书"文字、瑶族的"女书"文字,有一些则只有语言而没有文字,如侗族、苗族等。在田野调查中,我们发现侗族服饰中的刺绣、编织纹样有很多类似于水族、瑶族的文字符号。因此,在这些不同民族文字符号的启发下,本节通过侗族服饰中的一些文字性的符号来分析侗族服饰文化中女子内心的情感世界和审美感受。

一、侗族服饰中的古文字符

(一)侗族女子腰带和头巾上的字符

1.道教符号的融入

道教是中国本土宗教,它以道家的黄老之学为主,糅合了我国古老的巫术文化、民俗传统、神灵崇拜等特征,以"道"为最高信仰。它与侗族相信万物有灵的原始宗教有着共同之处。因此,当道教与侗族原始宗教相遇,侗族人们结合自身特色形成了本民族的宗教符号,我

---

❶ 郑樵.通志二十略[M].王树民,点校.北京:中华书局,1995:9.

们可以从侗族建筑与服饰两类直观的文化符号来分析。

道教融入侗族文化的形式既生动又很明确，即"入乡随俗"。如图7-1所示，侗族的鼓楼、风雨桥与民居木楼等横梁上的双鱼纹符号，与我国传统的道教阴阳八卦图相比，明显有了侗族文化的特征。侗族人用两个具象的鱼形纹相互交错形成太极图，鱼的形象更加具象、趣味、世俗化，超越了传统道家阴阳八卦符号中的神秘、抽象与单调，甚至用红绿色彩的对比替代了阴阳太极图的黑与白的对比关系。

侗族鼓楼横梁上的双鱼纹　　　　　　　　　　侗族风雨桥横梁上的双鱼纹

侗族民居木楼横梁上的双鱼纹

图7-1　侗族不同村寨建筑横梁上的双鱼纹

不仅仅是道教的八卦符在侗族建筑中出现，☰和☷两种符号也在侗族建筑及服饰中出现。怀化市非遗传承人李奉安先生在《侗族传统建筑鉴》一书中提道："侗族建筑两个门楣上雕有三和王两个字，采用阴刻的方式，三字和王字成为八卦中的乾（☰）坤（☷）符号，有象征天地、阴阳、雌雄的寓意。"侗族人运用阴刻技术将侗寨木楼上"三"字的三横和"王"字的三横一竖雕刻成☰与☷，即天与地、阴阳相间，有着万物生长的意义。《说文解字》中释义："王，天下所归往也。"董仲舒曰："古之造文者，三画而连其中谓之王。三者，天地人也，而参通者王也。"这里从造字结构上释义☰字符由天、地、人构成，中间加上一竖成为☷。孔子说："一贯三为王。"老子说："一生二，二生三，三生万物。"《易经》："一代表太极，二为阴阳，三为八卦。"综合来看可知，☰即代表天、地、人；☷也象征着变化、多、不平衡的含义，具有创造性。可见，古人造字的每一笔画都有其意义，☰字符的三横分为上、中、下，代表着天、地、人，☰中间加一竖变成王字符，则又成了连接天地的真正意义上的人。

对于以农耕文明为主的侗族来说，关注万物的生生不息、自然宇宙的变幻发展是侗族生存下来的本领，因此 Ξ、ΞΞ 等古文字符也成为人们记录和对自然万物变化的感受和想象的具体表现。他们的传统木楼门头上的 Ξ、ΞΞ 木桩之间不仅悬挂着阴阳八卦图，还悬挂着鸡蛋壳、各类草标、鱼尾巴、剪刀等实物类图标，从双鱼纹到 Ξ、ΞΞ 古文字符号以及各类物化符号中可以看出，侗族人用器物来象征内心的想法——辟邪、祝福、祈福、保佑等，也让我们感受到侗族服饰中的文化多样性。

2.织锦腰带和头巾上的字符

在侗族服饰中，Ξ 与 ΞΞ 字符常常出现在织锦、刺绣、雕刻的纹样中，也常常用汉字"三""王"代替。

在侗族服饰织锦的纹样中，Ξ 字符也常与菱形纹、鱼纹组合。在贵州往洞不同的村寨中，侗族女子围裙有 Ξ 字符与双菱形纹的组合，还有 Ξ 字符与鱼字符的组合。如图7-2所示，在平寨侗族女子的围裙系带中，Ξ 字符与双菱形纹组合。菱形纹与鱼纹常常是相通的，人们常常用鱼的多籽与繁殖能力象征女性，同 ΞΞ 字符。因此，这里的双菱形组合又可以看作是双鱼符号，与 Ξ 字符组合成阴阳相合的寓意。同样，Ξ 字符与 ✕ 字符相组合，Ξ 是乾的象征符号，✕ 字符为鱼纹的抽象形态，亦是女字符的象征，二者从字符上释义为"乾坤"，也象征着道教文化中的阴阳相合。

在一些侗族地区，ΞΞ、Ξ 字符也成为侗族女性头巾、各类服饰边缘装饰绣片上的主题纹样。如贵州水口侗族女子的头巾装饰、上衣袖口边饰、侧边开衩边饰、围裙腰带装饰、绑腿、头巾上，ΞΞ、Ξ、十字符常组合成二方连续纹，构成装饰主体。Ξ 字符向右、向左倾斜并竖向排列，与中间的十字符一起构成蝙蝠的身体与头部的造型样式（图7-3）。

综上所述，我们知道 Ξ 与 ΞΞ 是侗族服饰纹样中古老文字符的遗存，并在现代侗族服饰中保留了下来。对这些文字符号，人们也许并不了解其中的古老寓

图7-2　侗族女子围裙腰带中的 Ξ、✕ 等字符

织锦头巾

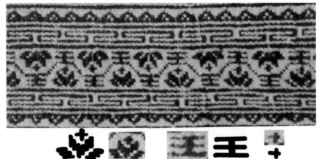

织锦头巾中的 ΞΞ、Ξ、十字符

图7-3　贵州水口镇侗族女子织锦头巾中 ΞΞ、Ξ、十字符构成的二方连续纹

意，但在制作的工艺过程中，这些古老的、变化了的文字逐渐被不同时期的侗族人注入了新的含义，依然是现代人们对当下和未来幸福生活愿望的一种寄托。

（二）侗族儿童背带上的字符

《史记·律书》记载："数始于一，终于十，成于三。"在侗族织锦纹饰中，☰、☷、十等字符组合也常常出现，不仅如此，一幅侗锦中会出现很多种不同的字符。如图7-4所示，湖南通道侗族彩色织锦共分为三个层次，外框为正方形方框□，中间〉字符，内核由两个◇组成。◇中的十字符又由☰、☷等字符构成。从☷字来看，它是一个连体的形象，由两个☷字共边形成连续纹样，☷的连续纹样交叉形成十字符。而☰字符在外围间隔排列，分别形成上下两个〉符号，将十、☷等字符囊括在◇图形中。由此，在一块小小的织锦上，☷、十、☰等字符各自在不同的位置上组合成一个菱形◇的符号，充满了有趣、生动、智慧的语汇。

图7-4　湖南通道县侗族彩色织锦纹样中的☰、☷、十字符

《易经》中把奇数看作阳，偶数看作阴，阴阳相合，天地万物变动，生生不息，即爻。爻，交也。表示的是阴阳交织的整体作用，对地球来说就是指太阳和月亮的运动对地球的交织作用，有"作用相交织"的含义。综合以上对儿童背扇织锦中的文字符纹样的解构来看，☷、

ΞΞ、十、◈、♪仅仅是织锦中的文字符，事实上，织锦中还有很多如人形纹、菱形纹等纹样。抛开这些图形，仅仅从文字符的角度来看，这些文字符中也同样有着阴阳相合、万物生长的意义。如织锦中用了大量的彩色织线搭配构成Ξ字符，Ξ属于奇数，象征着阳，偶数"十"字象征着阴，因此，◈菱形符本身是女性符号与十字的组合，更突出了阴的特征。因此Ξ、十、◈组合在一起，构成整个织锦纹样，囊括了阴阳相合、万物生生不息的意义。而王字符则象征通向天、地的神明，因此在背扇的核心纹样中用ΞΞ字符组合成十字符，以此作为母亲祈祷神明对孩童的护佑的一种符号语言。

（三）侗族女子服装与首饰上的字符

在侗族服装袖口或围裙腰带中，装饰纹样也常常用"三"的个数来表示。贵州从江龙额乡岑书侗寨女子服饰袖口的条形彩色织带上，刺绣了三种不同的文字符号，其中织带两边都用了三个"一"字符号组合成⋯符号，构成织带上的连续纹样；中间则用了ᐱ独立纹样，上下颠倒组合、交错排列形成了一条线形连续纹样，与两边的⋯三点纹样连续，合成一个整体的条形纹样（图7-5）。

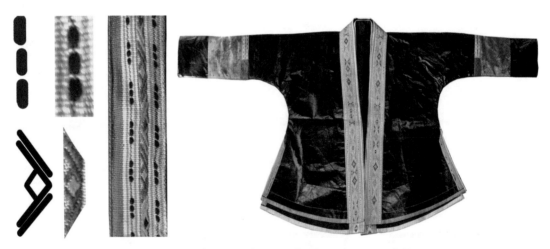

图7-5 侗族女子外套袖口、领口装饰绣片上的⋯、ᐱ字符

在侗族女子的银饰品中，Ξ字符也同样使用得较多，尤其是一些侗族女子的耳环、项饰、吊坠上的纹样等。侗族地区女子日常戴的银耳环呈六面锥体，锥体的尖头部分穿过耳洞之后，盘曲起来形成圆形，固定耳环使之不掉落，也取不下来。侗族女性一般从少女时候就开始戴上这类耳环，直至结婚，再到中年、老年，耳洞随着耳环重量的拉动逐渐变大，耳环也可以随意取下（图7-6）。

侗族女子在耳环的佩戴上有着固定的习俗。耳环上的纹饰简洁，但也有一定的讲究。贵州黎平地区侗族女子的日常六面锥体耳环，在结构上呈六个面，每一个面都雕刻着三组Ξ和♪月亮符，每一个Ξ符号上下都相应地雕刻着两个♪月亮符，把Ξ字符包括在其中，呈≋形状。侗族是个崇尚月亮的民族，侗族文化也常常称为"月亮文化"，月亮代表着阴，象征着女

图7-6　侗族女子日常戴的银耳环

性。𝌆符号中的☽月亮符代表着阴，☰字符则代表着阳，象征着男性，亦象征着天、地、人，也可看作太极八卦中的乾卦☰。那么从𝌆符号整体来看，象征着阴性的☽月亮符把象征着天地人的☰字符包括在里面，是侗族母性文化具有代表性的符号形态，表达出阴阳相合的意味（图7-7）。

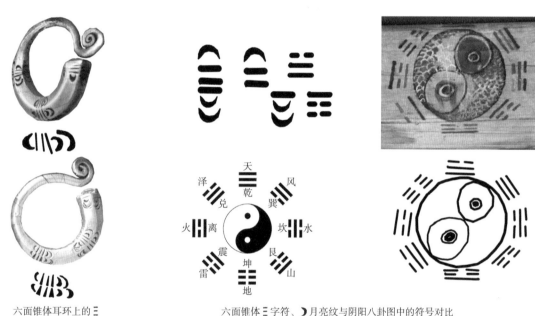

六面锥体耳环上的☰
字符与☽月亮纹雕刻　　　　　六面锥体☰字符、☽月亮纹与阴阳八卦图中的符号对比

图7-7　侗族女子银耳环六面锥体☰字符与☽月亮纹

如果从横向来看，视觉所能触及六面锥体耳环的两个面的纹样呈现𝌆𝌆双符号样式，那么我们将其分解则会发现，当把两个棱面的月亮符☽看成一个阴爻，耳环两个棱面的𝌆不论上下如何分配，都形成☷坤卦符号，即都象征着大地，是母性的象征。由此，我们可以看出，在侗族的服饰纹样字符中，人们常常用不同的形状符号组合成更多样的形式与寓意，但侗族崇尚母性文化的古老特质仍一直存在于各类符号语言中（图7-8）。

不仅在耳环上，☰字符在服饰的流苏装饰上也有一定的表现。如图7-9所示，在侗族女子胸牌下悬挂的蝴蝶流苏中，蝴蝶的身体上也刻画着☰的符号。这种三线形的符号向蝴蝶的尾部微微弯曲，形成三条外弧线。依据《易经》中的太极八卦来看，乾卦为阳，分上爻、中爻、下爻，可以猜测人们在蝴蝶的身体上刻有☰，不仅仅是依据蝴蝶身体的生理外形特征，也可能

图7-8 侗族女子耳环棱面中的☰符号

图7-9 侗族饰品中的三字符号

是依据蝴蝶的蜕变来象征阴阳相合之道。

此外，三作为数字在侗族服饰中也常常使用，如装饰品中各类流苏饰品的个数常以三为主。在侗族不同地区，童帽中常常装饰着猪、狗等动物尾饰，尾饰上又悬挂着三个锥形流苏。不仅如此，在童锁下边也悬挂了三个铃铛流苏，女性的银饰胸牌中的蝴蝶流苏也悬挂了三个锥形，围腰腰头上的各类银饰流苏也都悬挂了一个或三个饰物等（图7-10）。

综上所述，从上述侗族服饰品字符的解析中可以发现，它们常常被用在侗族服饰的一些腰带、袖口、肚兜领口、衣服侧边的边缘装饰中，作为具象的符号语言显现出侗族服饰母性文化的一些特质。同时，它们的存在，一方面可以说是侗族人在农耕生活中获得一些自然之物的启发而形成的象形文字符号；另一方面也是从汉字中借而用之，形成自己的文字符号。无论从哪个方面来看，都说明现代侗族服饰中依然存留着古代侗族文化中的多元性特征，也为我们寻找古代历史文明提供了一定的实物材料和文化符号资料的参考。

图7-10 侗族饰品中的流苏

一、侗族服饰中的母性意义字符

侗族村落中，代表侗族文化特质的是建筑、服饰与语言。侗族虽有自己的语言，没有文字，但从现代建筑、服饰中能够发现侗族文化中的一些文字符号。上节中我们了解了三、三字符在侗族文化中的意义与特征。事实上，侗族的器物中有很多记录着侗族母性文化意义的字符，如𝼆、𝼇、𝼇、𝼆、𝼇等已经成为日常生活中如影随形的符号，它们以图形语言、象征符号、字符等形式存在于侗族服饰、木楼、鼓楼以及各类器物中。那么侗族人为何在日常生活中表现𝼆形符号呢？英国艺术史学家杰克·特里锡德在《象征之旅：符号及其意义》一书中说："纹饰绝不是毫无象征意义的纯美术作品，而是含有相当复杂的深层含意的象征符号。并且，通常说来，这种象征意义不是在后世加上去的，而是在该纹饰诞生的第一天就被赋予的。"❶古代侗族先民们在日出而作、日落而息的生活中创造了刻木记事这一方式，从而形成了相应的早期文字符号。

因此，一方面我们可以从侗族早期的刻木记事图形来感受其外在的符号特征，另一方面又可以通过历史与文化的视角来阐释侗族纹饰的另一种语义。

（一）日常生活中的半菱形𝼆字符

在中国的古代传统木结构的建筑中，𝼆作为一种常见的廓型，尤其是房屋的两侧、寺庙建筑的廊檐等。侗族亦是如此，如鼓楼、风雨桥、木楼、斗笠以及女子出嫁时携带的伞等，都有着𝼆符号存在的迹象。我们在清代的人物像图册中也能看到相似的元素，如图7-11所示，在清代《百苗图》的不同摹本中，侗族不同支系的木楼建筑有着与现代侗族木楼相近的结构与外观。

清代洪州苗的木楼

现代洪州镇侗寨木楼

洪州镇木楼山墙的𝼆字符

图7-11　清代洪州苗与现代贵州黎平县洪州镇侗族木楼中的半菱形𝼆字符

从侗族的建筑群中可以很明显地感受到𝼆字符的魅力，它们有的形成层层叠叠的样式、有的交错透视、有的上下组合等，构成村落中不同视角下的𝼆字符。如图7-12所示，贵州黄岗

❶ 杰克·特里锡德.象征之旅：符号及其意义[M].石毅，刘珩，译.北京：中央编译出版社，2000：13.

侗寨是侗族古建筑保存较为完整的一个村落，每一户的木楼建筑在结构、样式上大都相同，村寨中的房屋之间具有层层叠叠、空间交错的感受，强烈的视觉冲击力更加突出其特征。

图7-12　贵州黎平县黄岗侗寨村落层叠的半菱形ㅅ字符

（二）服饰中的ㅅ、ㅅ字符

在现代侗族服饰中，ㅅ字符成为侗族女性惯用的符号，被组合成各类纹样和图形。

1.侗族斗笠中的ㅅ字符

在侗族服饰中，ㅅ字符经常出现。从具象的实物来看，与建筑的外观造型相近的有斗笠以及服饰中的纹饰符号。

斗笠在我国有着几千年的历史。古代西南地区人们不仅把斗笠用作防晒防雨防风的用品，还可以作为人们生活中特有的文化、社会阶层等象征性符号。从现有文献中可知，自秦汉以来我国南方少数民族就开始创造出不同风格的斗笠：尖尖的圆锥形斗笠、宽锥形斗笠、女性斗笠等。《说文解字》中释义："笠，簦无柄也。从竹，立声。"簦是一种有手柄的笠，与今天的雨伞相近。"簦无柄也"，说明笠是一种无手柄的样式，笠是簦的顶部；"从竹，立声"则说明了斗笠以竹子的材质为特色。虽然斗笠没有明确的出现时间，但自宋代开始有了明确的记载，如宋代周去非的《岭外代答》中记载："西南蛮笠，以竹为身，而冒以鱼毡（鱼毡，因毡面有纹而如鱼鳞。毡制之笠，宋代边境少数民族常戴）。其顶尖圆，高起一尺余，而四周颇下垂。……盖顶高则定而不倾，四垂则风不能飏，他蕃笠所不及也。"这里描述了我国西南民族斗笠结构以尖顶、四周下垂的样式为特征，是其他地区的斗笠无法达到的一种样式。

清代的《百苗图》中也记录了斗笠的样式，如峒人支系中，女子冬天采芦花时，戴着顶部镂空、露出发髻的斗笠，四周悬垂；六洞夷人女子出嫁时打伞，陪嫁女子拿着伞，而担着礼品的男子则戴着尖顶斗笠。清初时期的《皇清职贡图》中描写了下游各属峒人妇女戴斗笠摘芦花的场景（图7-13）。由此可以看出ㅅ字形斗笠是自古以来侗族人常用的一种服饰品。

峒人斗笠 六洞夷人斗笠 下游各属峒人斗笠

图7-13 清代侗族不同支系戴ㅅ字形斗笠

现代侗族服饰中，ㅅ字符样式斗笠也保留了下来，但一般只是在劳动时佩戴，其样式与古籍文献中的描述相近，也有着尖尖的顶部和四周下垂的样式，类似于ㅅ字符。在内部结构中能够看到，帽顶内部的空间中添加了一个圆形框，用以套住女性头上的发髻，同时斗笠的外部尖顶呈封闭状态，形成了ㅅ形字符的样式（图7-14），与清代的斗笠顶部镂空、露出女性发髻的结构相比有了一定的改进。由此可见，现代侗族顶部封闭斗笠的ㅅ字形符号更加明显和多样。

图7-14 贵州黎平县侗族ㅅ字形斗笠

综上所述，从宋代有斗笠的记载到清代图册中侗族女子戴斗笠，再到现代侗族女子头戴竹编斗笠，可见我国西南侗族自古就有戴斗笠的习惯，斗笠的造型也逐渐变化和改进，使得ㅅ字符成为人类适应自然环境而形成的一种直观符号。不仅如此，它也是民族变迁、文化交融的印迹，成为人们记载和传承古老历史文化的一种文字符号。

2.侗族织锦、刺绣中的半菱形ㅅ字符

ㅅ字符作为最基本的符号语言，从图形的角度来看，它是建筑符号中的一个部分，也是服饰中的一个重要纹饰构成元素，尤其是在侗锦纹饰、侗绣纹饰、侗族银饰等服饰图案中。它既有记事功能，也有表意之用，更具有模拟事物之形的功能。ㅅ作为基础字符主要分布在侗族织锦、刺绣中，如婴儿背扇的织锦，女子头巾、上衣门襟、袖口的装饰，还有肚兜领口与腰带等。ㅅ字符有时候是以单个符号出现，但大部分是以组合式出现，如重复排列叠加成一种新

样式，有两两相对组合成一个◇，有连续并列形成波折纹〰〰，有上下大小变化组合成人形纹☆，有不同方向组合具有"相交"特征的☆、╳、⚠等文字符。具体分析如下。

（1）∧字符组合成侗族的意象化人形纹☆。∧字符组合成的人形纹，有着不同的结构样式与组合，主要织绣在侗族儿童背扇、织被、围涎以及女子头巾等服饰配件中。如图7-15所示，每一个织物上的人形纹都包含了∧字符，从人形的造型来看，主要有三种不同样式，各具特色。这三种类型的人形纹头部与上半部基本相同，如头部都是由两个∧字符组合，即◇。胸部则由一个∧与⑦组合成⚠字符，或是与◇组合形成⚠字符等。这几种人形纹的胸部结构样式⚠、⚠、⚠，都是由∧、⑦、◇三种元素组合而成，形成了内部构造不同、外观形态相近的样式。

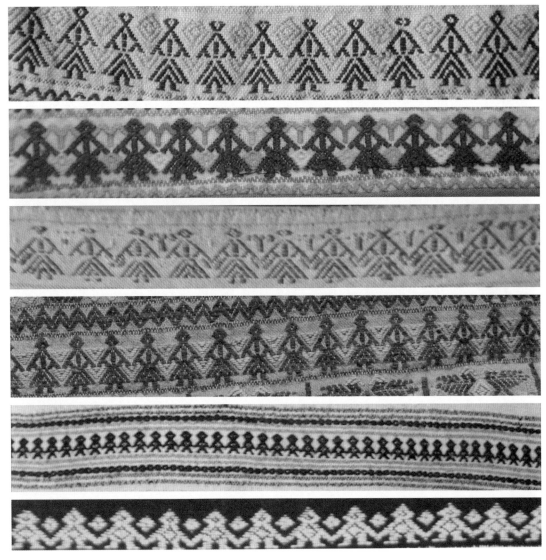

图7-15　不同区域侗族织锦中的半菱形∧组合的几种人形纹

在侗族各类人形纹☆中，造型不同之处在于纹样的下半部分结构，有三种特征：第一种是∧和⑦组合成⚠，造型上由五个∧字符构成了穿着裙装的人体下半部；第二种则是直接用∧

字符作为人体下半部分的肢体；第二种与第□种相近，运用△字符作为舞蹈状态的人体下肢（图7-16）。

图7-16　不同人形纹ᐱ构成符号解析

综上所述，可以看出侗族人运用△字符，或重叠、或单体、或方向转换，组合成了拥有不同样式与造型的人形纹，并装饰在不同的服饰中。这些人形纹的样式不仅存留在服饰的织锦、织绣中，也保留在侗族人们的日常生活场景中。我们从人形纹的舞蹈形式来看，在田野考察中发现，人们把这种织物上的舞蹈样式呈现在真实的日常生活中，称为"多耶"。这种舞蹈在侗族地区如榕江、黎平、从江的节日时表演，人们穿戴着盛装盛饰，男性吹奏芦笙，女人们手拉着手围成圆形，一边唱一边跳，形成侗族节日中的盛大仪式。

（2）半菱形△字符发展出的新字符。✕字符由四个△字符上下左右相合重叠而成，一般放置在侗锦背扇的四周，组合连续纹样，与鸟纹、人形纹一起构成方形背扇四周的边缘装饰。湖南通道侗族彩色织锦中的✕字符，每一个字符中间相隔一个菱形，连续排列形成条状的连续纹样，下方并列的连续人形纹ᐱ中间也相隔着一个菱形。从图形来分析，✕与侗锦背扇下方舞蹈人形纹ᐱ相比，更像一个简化了的人形纹图像，构成上下两排人形纹排列舞蹈的样式，从而形成整个织绣图形的上下呼应（图7-17）。

图7-17　湖南通道县侗族彩色织锦中的✕字符

这种✕字符在侗族服饰织锦中出现较多，不仅仅是纹样中一个小的结构元素，在其他贵州地区女子包肚领口织锦纹样中，有的是运用单个✕字符构成连续纹样，有的是运用✕✕字符形成整个织锦的框架结构，构成连续纹样（图7-18）。在广西三江地区的侗锦背扇纹中，整个纹样的框架也完全运用了相同的结构，即✕，中间亦是由许多个✕字符构成（图7-19）。

221

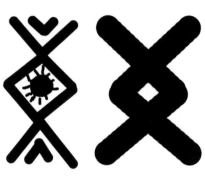

图7-18　贵州从江县侗族女子包肚领口处织锦中的 ✗ ✗ 字符

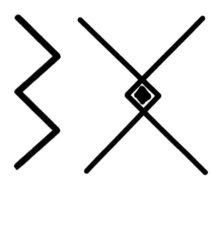

图7-19　广西三江县侗族儿童背扇纹中的 ✗ 字符

　　此外，我们还能够从现代织锦带中寻找到 ✗ 字符的变形符号。在三江地区侗族女子日常的织锦头巾中，也同样有着 ✗ 字符，只是在上下两端又添加了∧，中间添加了一个太阳形构成了 ✗，两个 ✗ 字符组合又构成了独立的菱形，用I间隔，形成了连续纹样（图7-20）。

　　我们能够发现侗族服饰中的这几种字符可能与女性有关。在现有的我国南方遗存的古文字中也能够寻找到这样的符号，如在湖南江永女书中表示女字为 ✗，这与侗族女子服饰袖口纹饰中的 ✗ 非常相近。从 ✗、✕、✗ 三种字符的结构上看，由三角形∧字符组合相交而成，其重点在于突出其相交功能。这些符号在整体框架上是相同的，所属区域为我国侗族聚居的贵州、湖南、广西，它们所不同的是中心的◇部分。女子袖口与肚兜领口处的符号 ✗ 中间的菱形没有填

图7-20　广西三江县侗族女子日常织锦头巾的卐字符

充的符号，而背扇、头巾等上面的字符卐、✕都有核心点，因此可以认为这几个符号应该表示相近的含义。那么，这些字符所表达的内容或是象征的含义是什么呢？

从符号语言来看，菱形相交后而形成的语义与象形文字卐字符有些相似之处，其菱形中心也添加了圆形点或菱形点，似乎又与甲骨文中的卐字符突出乳房的象形手法很相近。从纹饰的装饰角度来看，卐、✕、卐这三种纹饰主要是设置在侗族女子的袖口、肚兜领口、头巾的装饰纹样和婴儿的背扇之中，是装饰女性、孩童服饰的重要元素。如包肚，它是侗族女性的贴身之物，其领口在穿着时显露出来，因此在这个部位中装饰卐、✕、卐符号有一定象征寓意。在前文中曾提到侗族女子包肚是辨别女子未婚与已婚的标志，即《五溪蛮图志》中记载的"未嫁，下际尖；已嫁，下际齐"。那么或许肚兜领口的装饰纹样也是区分侗族女子未婚与已婚的方式之一，但这一点还需要进一步的文献资料来证明。

在前文背扇的分析中也提到，它是侗族社会母系文化遗存的一种精神象征，也是母系一方传承的一个物化符号。侗族背扇的产生与婴儿出生时的一系列民俗文化表现都是古老的母系氏族社会风俗的反映与表现。婴儿背扇上的✕字符与鸟纹、手拉手的人形纹遥相呼应，形成一个纷繁而热闹的场景。从✕字符本体来说，其中心处同样有一个◇作为中心点，那么我们也同样可以推测，背扇上的✕字符也可能是象征母亲的形象，与同一画面中手拉手的舞蹈人形纹相对应。

侗族头巾一般是已婚女性日常劳动时所戴的头饰，而未婚女子一般是以头戴银花、银簪、束发髻为特征。侗族头巾中的卐字符，从字符本体上看，其中心部分也有一个中心点，主要有太阳纹、菱形纹◇两种，在侗族文化中都是母神的象征。由此我们可以推测，头巾上的卐字符也是已婚女性的象征（表7-1）。

表7-1　侗族服饰中人字符的不同组合方式

种类	人字符	分解图	实物图
第一种			
第二种			
第三种			

综合文中侗族织锦、刺绣纹样符号的分析可知，ヘ字符不仅能够多重叠加或是用不同方向转换的方式构成不同的符号，也可以进行两两并列相连和相交组合，构成如ㄨ 〰 ⌂ ⌂ ⌂ ㅅ ⌂ ◇ ⅃⅃ ✕ ✕ ✕ 等一系列符号，从中能够感受到ヘ字符在侗族日常生活中随处可见，建筑、服饰中均有着隐性和显性的特征。侗族人为什么喜欢或习惯用ヘ字符呢？它象征着什么，其文化意义与根源在哪里？

从世界文化视角来看，杰克·特里锡德在他的《象征之旅：符号及其意义》一书中提道："在马里，带尖的半个菱形符号是年轻女性的象征。" ❶他所描述的"带尖的半个菱形符号"应该就是ヘ符号。在西非国家的马里中，ヘ符号象征着年轻女性，即未婚少女，这里不仅是性别的象征，而且对具体的身份也明确作了指向。我们知道，不同的文化总是在某些地方有着一定的相似性。明代沈瓒在《五溪蛮图志·别妇女》中提及："胸前包肚辫尖齐，头上排钗裙下低。时样翻新苗妇女，动人心处细评批。"其中还提及"……或绸或布一幅，饰胸前垂下。俗曰'包肚'。未嫁，下际尖；已嫁，下际齐"。可见，ヘ半菱形符也是侗族未婚女子的象征符号。

同样，在我国西南地区的不同民族中也发现了大量的这类字符样式，瑶族女性的肚兜、男性的婚服中也同样有ヘ字符的样式存在，象征着瑶族祖先的生殖崇拜；纳西族的东巴文中也有ヘ字符的样式，其同样也有着女性生殖崇拜的含义。侗族ヘ字符又与甲骨文的"入"字相同，《说文解字》中认为："入，内也。"段玉裁注："内也，自外而中也。……上下者，外中之象。"林义光认为古义中"从上俱下无入义，像锐端之形，形锐乃可入物也"。总之，从现有的各种物化语言和文化现象来看，侗族文化中保留着许多古老的中国传统文化遗产，不仅有远古时期的文化符号，不同历史时期的传统文化也大都存留在侗族文明中。它不仅保留着我国传统的母神崇拜文化，儒家、道教、佛教文化也同样共存其中。

（三）侗族服饰中的菱形纹◇与鱼纹✺

1. 菱形纹◇

ヘ字符与其他纹样组合，不仅出现了上文中许多独立形态的符号，也组合成了新的图形符号，如菱形纹◇与鱼纹✺。

菱形纹最早被人们绘制在石器时代的陶器上，以及后来的青铜器、丝绸织物等生活中的各个方面，所涉及的范畴非常广泛。从北方的彩陶到南方荆楚之地的丝绸织锦，西南巴蜀的画像石、画像砖等，菱形纹已经成为一种古老的装饰符号，其造型也随着历史的发展在不同的区域有着不同的变化形式。正如美国人类学家格尔茨在《文化的解释》中谈道："文化是从历史沿

---

❶ 杰克·特里锡德.象征之旅：符号及其意义[M].石毅，刘珩，译.北京：中央编译出版社，2000：13.

袭下来的体现于象征符号中的意义模式，是由象征符号体现表达的概念体现，人们以此沟通、延存和发展他们对生活的知识和态度。"❶

侗族服饰中的菱形纹◇也较为普遍与流行。从组织形式上来看，菱形可分为独立结构和连续结构。从造型上看，菱形纹◇可分为基本形和变化形。综合二者可以将侗族菱形纹◇分成两种：独立菱形纹和连续菱形纹。

（1）独立菱形纹。独立菱形纹有三种形态——面形◆、线形◇和点面结合形◈，三者构成侗族女子服饰中独特的装饰语言。如贵州黎平、从江、榕江三地的女子包肚、围裙、银背饰以及孩童背扇等服饰语言，都包含了独立的菱形纹◇造型。在这些菱形纹◇中，有的形态是以面形◆为特点的实物，有的是以线形◇为特点的实物，也有的是以点面结合形◈为特点的实物。如图7-21所示，菱形银背饰造型是以面形◆和三角形组合成的，背饰形态表面简洁而纯粹。有的菱形背饰的造型是以大小菱形相互叠加而成，每一菱形面的中心部位雕刻出一个内凹的小菱形体，大小菱形层层套叠从而形成了线形◇形态（图7-22）。有的菱形背饰的造型是以菱形◇面与点结合而成的◈造型，如图7-23所示，贵州盖宝侗寨女子的银

图7-21　面形◆银背饰及线稿

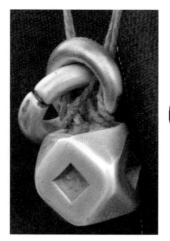

图7-22　线形◇银背饰及线稿

图7-23　点面结合形◈银背饰及线稿

❶ 克利福德·格尔茨.文化的解释[M].韩莉，译.南京：译林出版社，1999：103.

背饰即是在菱形面中间以点来作为核心。

侗族女子包肚形态也是以面形◆为造型特征，遮盖人体的胸腹部，与领口处带子上悬挂着的菱形银背饰一前一后相呼应。前胸的菱形◇包肚与后背的菱形◇银背饰，二者一遮一显，寓意丰富，体现出侗族女子对菱形这一符号的喜爱与重视。同样，在侗族女子的盛装围裙中，有些地区的侗族女子喜欢在围裙中心部位装饰面形◆，即在围裙正中央处留白，形成一个整体的◆块面，这种块面的菱形◆空间与整个围裙的方形◆空间造型构成视觉上的平衡，从而形成一种动态的平衡感（表7–2）。

表7–2　侗族女子服饰中的独立菱形纹

独立菱形纹器物种类	菱形实物图	菱形结构图	独立符号的菱形
菱形包肚			一个大的菱形面、一个小的菱形面，三个长方形，一个V形
面形◆银背饰			四个菱形面，十个三角形
线形◇银背饰			四个大菱形框，四个小菱形面，十个三角形
点面结合形◇银背饰			四个菱形与八个三角形
面形◆围裙			一个方形、四个三角形，一个菱形面
点面结合形◇背扇			一个方形、四个三角形，一个圆形，一个菱形框架

（2）连续菱形纹。侗族服饰中存在着菱形◇符号的连续结构。连续结构的菱形纹是以单个符号重复，或交错叠加，或大小变化叠加而形成的一种新样式。连续菱形纹样式是由一个个独立的菱形连续排列而形成的二方或四方连续纹样（图7-24、图7-25）。有时候用菱形作为框架形成网格状，在网格中填充大小不同的菱形纹样符号，仅仅在色彩上进行了变化（图7-26）。

图7-24 侗族服饰单体菱形纹、马纹二方连续排列　　　图7-25 侗族儿童背扇菱形纹四方连续排列

图7-26 侗族儿童背扇、服饰中的菱形纹网格与菱形纹符号

在连续结构菱形纹样中，除了菱形基本形大小套叠、网格框架的构成方式之外，还有菱形边角叠加形成的连续纹样，即方胜纹。侗锦中的方胜纹是由两个菱形纹尖角叠加构成一个独立的元素，再进行连续排列，形成无限延伸的连续纹样。这种方胜纹一般常用在侗族孩童的背扇中，包括背扇面、背扇心与背扇带等。在湖南通道侗族儿童背扇中，菱形纹边角重叠而形成一种新的样式，其中间由四个菱形凤凰纹组合成一个大的菱形，又在此基础上套叠多个小菱形组成的边缘线构成的新菱形，在这几个小的菱形之外又套叠一个主体菱形，以主体菱形为一个单元边角相接，上下延伸，构成一个连续的菱形纹。这里强调的是在连续的菱形纹外围又增加了一个连续的∧，当把两边的∧延伸相交之后，依然形成一个整体的菱形，上下各自延伸出来的边角叠加的空间▧（图7-27），与我国传统服饰、壁画以及雕塑等艺术中的方胜纹非常相近。

图7-27 侗族儿童背扇中菱形纹连续组合、边角重叠相交和相连的结构分析

综上所述，可以说自宋代以来菱形纹就已经出现在侗族文化中，在侗族服饰中菱形纹符号不仅有基本形的菱形纹，也有了变化的菱形纹，这与中原文化和巴蜀、荆楚文化中的菱形纹符号非常相似。在现代侗族服饰中，菱形纹中的方胜纹也一直存在于侗族服饰纹样中，它不仅仅是装饰在服饰表面的符号，也成为服饰款式的轮廓型，从前胸的包肚、腰腹的围裙、背部的背饰等不同部位的装饰中，可以看出菱形是侗族女子服饰中的重要符号语言（表7-3）。

表7-3　菱形基本形构成的不同连续纹样

不同服饰部位的连续菱形纹	侗族服饰不同部位的菱形纹	菱形纹符号
背扇面边缘的菱形纹基本形		
背扇底的菱形纹基本形		
背扇面的蜘蛛纹与菱形方胜纹		
侗族女子袖口的菱形方胜纹		
背扇面的菱形纹		
背扇带的菱形纹与方胜纹		
包肚领口绣片的鱼形纹		

2.鱼纹◈

鱼纹在我国的传统纹样里，不论其造型样式还是历史起源都与菱形纹样非常接近。在远古辉煌的彩陶文化中，鱼纹曾经是先民们最为喜爱和常用的装饰纹样之一。但随着人们对自然界有了深入的认识，鱼纹形态随着时间的发展与推移越发接近于菱形。我们将远古时期的鱼纹和菱形纹作对比，不难发现它们之间的血缘关系。如杨辛在《美学原理》一书中提道："当两条鱼的图形组合在一起时，又形成一种新的菱形图案，同时使画面上的黑白对比更加丰富。"[1]刘锡诚在《中国原始艺术》中也提到菱形纹中的对角斜十字方形图案，是鱼头的演化，黑白相间的菱形十字纹、对向三角燕尾纹，是鱼身的演化。赵国华在《生殖崇拜文化论》一书中提到菱形纹是抽象鱼纹。普列汉诺夫认为，一根波状的线条，两边画着许多点，就表示是一条蛇，附有黑角的长菱形就表示为一条鱼。从中可以看出，蛇、菱形、鱼都是相互关联的，菱形来自蛇，与鱼是一体的。

侗族女子善于运用菱形符号让观者获取图形上的感知。尤其是女性和儿童服饰中，鱼纹饰无处不在。一种是鱼形纹与菱形纹互为一体作为几何符号存在，即鱼形与菱形巧妙运用负形、大小菱形组合，构成更有意味的连续菱形纹图形组合。如图7-28所示，湖南通道儿童背扇侗锦纹样，以蓝色为底、白色为图的◇、〽、⌃符号，组合成菱形纹与鱼纹。在菱形纹图与底的相互映衬下，构成了单鱼纹◈和双鱼纹◈等独特的侗族纹饰符号。

另一种是作为鱼形物化符号存在，常常装饰成女子出嫁饰品中的流苏悬挂在腰带、耳环、凤冠、发簪、银梳等的边缘。如图7-29所示，女子出嫁穿戴的传统服饰中的围裙系带、腰带、耳环、银梳中的鱼形流苏，其构造以平面形态为主，在银片上勾勒出鱼的形状并錾刻出鱼鳞、鱼尾等造型，用简练的手法勾勒出鱼的基本形态，将众多的鱼形组合堆积在一起形成动态的流苏，构成传统嫁衣腰带上的装饰物，象征着女子婚后多子多福。同样，在一些传统的儿童日常服饰中，直接运用了鱼的具象形，构成流苏的样

图7-28　儿童背扇中的侗锦菱形、鱼形正负形套叠纹样分解

---

[1] 杨辛，甘霖.美学原理[M].北京：北京大学出版社，1993：106.

式。如图7-30所示，榕江地区童帽中的鱼形流苏，整个鱼形也是用银材质錾刻而成，其形态以立体造型为主，鱼形丰满而逼真，以弯曲跳跃的形态表现鱼的灵动和生命力，表达出对孩子的保佑、祝福、盼望健康成长的吉祥之意。

围裙中的鱼形流苏   围裙系带中的鱼形流苏

腰带头中的鱼形流苏   耳环中的鱼形流苏   银梳中的鱼形流苏

图7-29 侗族女子嫁衣中的鱼形流苏

图7-30 侗族童帽中的鱼形流苏

总之，鱼是与侗族人的生活息息相关的一种动物。侗族自古择水而居，采集渔猎是最原初的生活方式，延续至今。在田野考察中，每到一个侗寨，随处可见鱼的存在，吊脚楼下的池塘里、水稻田里、村落旁的小溪里，人们把养鱼和种植水稻一样同等对待。在侗族人的民俗里也流传着大年初一早晨必须有鱼，结婚必须有鱼，为老人送终或祭祖祭天时也必须有鱼等许多鱼图腾有关的神话传说。

鱼者，余也，《辞海》中解释说，"余"字有"遗留、遗下"的引申义，即"不绝"的意思。鱼纹是侗家人表达生殖崇拜的主要纹样之一，寄托了侗家人崇拜鱼的繁殖能力并希望后代鱼跃龙门、多子多福的寓意。在民俗文化中，鱼腹多子，象征着强盛的繁殖能力、繁荣昌盛、人丁兴旺等丰富内涵。从符号学角度看，鱼的外形与女性生殖器官相似，象征着女性的生育能力；此外，在原始社会，人们会在潜意识中将鱼类同人类的生殖发育联系在一起，形成对鱼的崇拜意识，也可理解为女性生殖崇拜意识，可见鱼与侗族人对生命繁衍和女性生殖的崇拜是紧密相连的。无论是侗族女子服饰中的菱形、鱼形造型样式，还是孩童背扇、童帽、围涎中的菱形、鱼形装饰纹样，二者相结合均表达其繁殖能力的寓意。从民间艺术学的角度分析，靳之林先生曾将菱形纹形象地比喻为"它是生殖孔的变形，是生命之源"，他认为："菱形纹象征了一种生殖器崇拜，是作为生命之源的女性、土地、图腾蛙等通神符号，是一种母性符号，这是一个处于母系氏族社会的生命之源的符号崇拜。"❶民俗学家范明三则称菱形纹是"破裂坼碎的生殖孔"。

由此，侗族服饰纹样不仅仅在造型上表现出对传统服饰文化的继承，技术上体现侗族女性的勤劳与母爱情感，其中也蕴含着各种吉祥的祝福、期盼等众多婚恋隐语，菱形纹、鱼纹即是这种隐语最具代表性的两种符号。鱼的多产象征着生命繁衍和多子多福的寓意，在侗族服饰，尤其是在少女的盛装与出嫁时穿着的服饰以及孩童的服饰中都以最直观的具象形态表现。我们也可以认为，菱形、鱼与母性有着密切的联系。这里的母性不仅包含着侗族人对自然界中万物生长的生殖崇拜，也包含了在母神文化、道教文化融入的历史进程中而逐渐侗化成的母性文化。如老子的《道德经》中载"玄牝之门，是谓天地之根"。老子将◇作为自然之源和人类之源的母性象征，可以窥见其道家文化中强烈的母性崇拜意识。同样，《道德经》中又提到"天下有始，以为天下母。既得其母，以知其子；既知其子，复守其母，没身不殆"，阐述了道为万物之根，母为人类之源的观点。侗族人则把万物之根转化成侗族的母神形象并通过特有的半菱形、菱形、鱼形等符号呈现在服饰中。直到今天，古老的百越民族中许多支系的文字最终走向了一种纯粹的记音符号，侗族也不例外。目前侗语仅限于日常生活口头上的交流与使用，并随之流传下来，但侗族服饰纹样中的这些文字图式则是具象的，它可以是对事物的模仿与反映，也可以是侗族人心灵虚构的想象，也可以是宗教文化、生命之源所带来的幻境意象。

∧、◇、◈是侗族服饰纹样中的重要元素，由最基本的三角形构成菱形、鱼形等几何纹样。冯时认为∧半菱形这类锯齿纹是天文学中八极的象征。从审美的角度来看，侗族服饰纹样中的∧、◇、◈等也是侗族女性在对自然的不断实践中逐渐提炼而建立起来的有寓意的几何化符号。所谓几何化，即用简练的手法将自然界中的物体依据其特点提炼出来，形成一种抽象化的符号语言。亚历山大洛夫又认为这种几何化的符号语言是在时间推移的过程中而逐渐产生的。直的线，尤其是三角形和正方形在自然界中很少看见，这是人们在认识了自然界之后而建立的一种图形观念。人类最初认为形式离不开原材料，但在不断的实践过程中认识到，形式与原材料可以独立开来进行考察，最终能够明确地把形式概念本身从原材料中分离出来。这样，实践活动也为最终建立几何抽象概念提供了基础条件。

柏拉图认为几何形态中存在着绝对的美，美具有抽象性；美的形式中包含着秩序、均齐；

---

❶ 靳之林.生命之树与中国民间民俗艺术[M].桂林：广西师范大学出版社，2002：182.

美也是有尺度的，秩序美是几何形态的最大特征。侗族服饰中的几何纹多以对称形式出现，体现出秩序美的特征，起着稳定、平衡、秩序性的功能。其主要形式包括圆形、方形、三角形、菱形、圆锥形、波浪形等形式符号，并依据自身对自然界的神秘、崇拜等赋予其语义。

第二节　侗族服饰中自然图腾崇拜的母性语言

一、太阳纹与月亮纹

太阳是人类文明发展过程中的主要崇拜物之一，太阳的光与温度让人们有了对时间、季节的变化的感知，从而获得农耕生产的果实。我国古代先民依据太阳的运行周期而发明了最早的太阳历法。太阳也是侗族人的自然崇拜物，太阳的形状也成为侗族女性手工织绣中的重要表现形式。人们把太阳当作是保护孩子健康成长、驱邪病的神来崇拜，母亲们常常把太阳纹放置在孩童的背扇、女儿出嫁的服饰、男性的芦笙衣之中。

（一）太阳纹

恩格斯说："和数的概念一样，形的概念也完全是从外部世界得来的，而不是在头脑中由纯粹的思维产生出来的。必须先存在具有一定形状的物体，把这些形状加以比较，然后才能构成形的概念。"[1] 显然，对自然界中物的观察、记忆和归纳创造是直观模拟的主要方式。侗族女性对太阳的描绘所表现出来的最直观的模拟形态有花形太阳纹和圆形太阳纹。

1.花形太阳纹

花形太阳纹是依据造型来命名的，即外观上用自然界盛开的花朵来模拟太阳而形成的纹饰。太阳与花一个属于天空中的物体，一个属于土地中的实体，但在侗族女性的观察中，二者是相互依偎的，阳光与花同时存在，花的盛开需要阳光的照射，阳光的照射又可以产生五颜六色的花，这是生命孕育与成长的体现。因此在侗族传统服饰中，常常把太阳纹称为"太阳花"，用直观的花塑造出太阳的形状，又用太阳的形状固定出花的造型，二者总是在许多形态下相互结合。侗族女子节日或出嫁时所穿着盛装围裙和儿童背扇中大都装饰着太阳纹。如图7-31①所示，贵州侗族女子盛装围裙、儿童背扇中的花形太阳纹，中间形态是用向阳花外形模拟太阳的造型，以花瓣的平铺伸展模拟太阳的光芒，以内外套叠的向阳花表现出花瓣的层次感，用向

---

[1] 张道一.图案与图案教学[J].南京艺术学院学报（美术与设计），1982（5）：15.

阳花的特性来象征太阳光的存在，传达出太阳与花共存的生动形象。如图7-31②③所示，花形太阳纹外观是以太阳的圆形为特征，而把向阳花的形包含在太阳形内，彰显出向阳花在太阳的护佑下旺盛的生命力。整个围裙四周共有十一个太阳花纹，左右与上端各三个，下端一个，构成了以太阳花纹为主要纹饰的盛装围裙。

 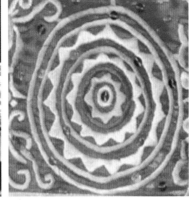 

① 花瓣在外的花形太阳纹　　　　　② 花瓣在内的花形太阳纹　　　　　③ 十一个花形太阳纹的围裙

图7-31　贵州黎平县地扪村侗族女子传统围裙中的花形太阳纹

广西与湖南等其他地区的侗族服饰中的花形太阳纹与贵州侗族盛装中的花形太阳纹造型略有不同。广西等地区的花形太阳纹更具写实性，花瓣与花蕊层层叠加，每一个花瓣和花蕊中都装饰着自然中的各色花枝与龙凤纹饰，也有些刺绣了汉文字等，构成了圆形的向外伸展的花形太阳纹，整个花形太阳纹又被安放在菱形中，形成一个宇宙空间的自然外观形象（图7-32）。

图7-32 侗族儿童背扇中的花形太阳纹

2.圆形太阳纹

圆形在中国传统观念中有着圆满、完美的寓意。在侗族社会，圆形也象征着圆满、吉祥，正如毕达哥拉斯学派所提出的："一切立体图形中最美的是球体，一切平面图形中最美的是圆形。"[1]西方符号学家威尔赖特认为，在伟大的原型性象征中最富于哲学意义的也许就是圆圈及其最常见的意指性具象——轮子，从最初有记载的时代起，圆圈就被普遍认为是完美的形象。他认为在圆圈中开端和结尾是同一的，当圆圈具象化为轮子时，便又获得了两种附加的特性：轮子有辐条，它还会传动。轮子的辐条在形象上被认作是太阳的光线的象征。[2]由圆至轮子，形成了运动，产生了生命，即圆形象征着生命的孕育。

圆形与菱形是侗族服饰中最为常用的两种装饰纹样，菱形象征女性的生殖崇拜，有着阴性特征，是侗族月亮文化中的一个部分。圆形是太阳的象征，是侗族万物生长的保护神。侗族服饰中的圆形符号与菱形符号一样，不仅有着象征孕育的功能特征，也有着护佑孩童与族群的母性隐喻。圆形纹样在侗族服饰中表现为两个方面：一是服饰结构以圆形形态出现，如圆形披肩、褶裙、项圈、手镯、背饰等。如图7-33①②所示，侗族女子莲花瓣圆形披肩、出嫁时佩戴的圆形项圈等服饰配件，圆形符号都隐含在其中。二是服饰纹样以圆形符号出现，如图7-33③所示，侗族女子盛装围裙银饰的圆形银片，银片中间以火的纹样作为核心，四周以

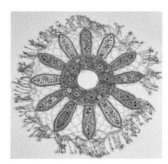

| ① 圆形披肩式样的太阳造型 | ② 圆形项圈的太阳造型 | ③ 圆形银片的太阳造型 |

图7-33 侗族女子盛装中的圆形太阳纹符号

❶ 北京大学哲学系外国哲学史教研室.古希腊罗马哲学[M].北京：三联书店，1957：75.
❷ 晓明，良范.贵州岩画中的符号：十字形符号与圆形符号释义[J].贵州大学学报（社会科学版），1996（3）：60.

圆形银泡作为装饰，构成圆形太阳纹。圆形太阳纹符号，无论是隐性还是显性的，都存在于服饰的各个角落。

（二）月亮纹

1.菱形月亮纹

菱形在上文中已经提及，本节的重心是菱形轮廓所包含的月亮纹饰。在侗族服饰纹样中，不仅仅有以自然界中的花朵形状为特点的太阳纹，也有以花朵形状为特点的月亮纹。菱形月亮纹有两种类型：一种是以菱形为轮廓的月亮纹，另一种是以四瓣花为核心而构成的菱形月亮纹。

关于以菱形为轮廓的月亮纹，以侗族女子围裙的图案为例，如图7-34所示，湖南通道侗族女子围裙上的月亮纹以圆形月亮纹为中心点，在月亮纹的正四方各自发散十字形，构成一个等边的菱形，每一个十字形的端头点缀着花瓣和发光的星星，映衬在深色的侗布上，像宇宙中一个个闪亮的星球。

图7-34　侗族天文星象组合的菱形月亮纹围裙

另一种以四瓣花为核心而构成的菱形月亮纹较为常见（图7-35），一般使用在侗族儿童背扇、围涎中，四个花瓣、八个方向、四个◈字纹构成了一个整体的菱形月亮纹。这种四瓣八方的月亮纹形状多样，有莲花形状或是八瓣花的样式，不同的村落各有特色。但从总体上看，这里的月亮纹的"四瓣八方"或是"莲花心"也可以看作八极。古时"八方"谓极远之地，《淮南子·墬形训》："八纮之外，乃有八极。自东北方曰方土之山，曰苍门；东方曰东极之山，曰开明之门；东南方曰波母之山，曰阳门；南方曰南极之山，曰暑门；西南方曰编驹之山，曰白门；西方曰西极之山，曰阊阖之门；西北方曰不周之山，曰幽都之门；北方曰北极之山，曰寒门。"❶侗族菱形月亮纹不仅仅只是祖先崇拜的符号，同时也是侗族农耕文明之中受自然天象的影响而形成的纹饰符号语言。

❶　何宁.淮南子集释（卷四）[M].北京：中华书局，1998：312.

腰带中的四瓣花菱形月亮纹　　　　背扇中的三瓣花菱形月亮纹　　　　背扇中的独头花菱形月亮纹

图7-35　侗族花瓣组合的菱形月亮纹

2.圆形月亮纹

　　圆形月亮纹即外观是满月形状的纹样。如图7-36、图7-37所示，侗族女子围裙与儿童童帽的纹饰以圆形月亮为外轮廓，以花朵的造型为中心向外延伸众多射线，射线端头装饰着各种大小不一、类似花朵和发光的星星的纹样，构成一个以月亮为核心、四周星星相伴的宇宙空间。

图7-36　侗族花朵与星星组合而成的圆形月亮纹围裙

图7-37　侗族花朵与星星组合而成的圆形月亮纹童帽

二、龙纹与凤纹

人类在改造生存环境、创造适合自己生存之物的时候，实用功能和精神信仰总会交织在一起，既有着纯朴的一面，又有着神秘的一面，侗族文化在形成过程中同样如此。实用功能性与宗教信仰的交织，造就了承载文化形态的建筑、服饰等物化符号。图腾崇拜是一个民族常常在建筑、服饰中表现出来的最具特色的物化符号。侗族服饰中的龙凤图腾崇拜显示着侗族文化的多元性和独特性。

（一）龙纹

关于龙，在中原文化中，其象形文字 🐉 是一个长着角、张着大口、身体弯曲的形态。东汉许慎在《说文解字》中描述龙为"鳞虫之长，能幽能明，能细能巨，能短能长"。龙是我国传统文化的一种象征和图腾，也被认为是轩辕黄帝为了统一各族的认识和信仰，将各个部落图腾的一部分分别取出来拼成的，是上古时期的古老部落之间图腾的融合。我国南方百越民族中，认为龙具有母性的特质，是长江下游的古代吴越民族的先祖，如古老的断发文身、现代的龙舟竞渡等风俗皆与龙有关。由此推测，作为百越的一个支系的侗族，龙被作为图腾符号遗存在人们的日常生活中，是与侗族的母性文化特质相联系的。

侗族服饰中的龙纹依据其主体构成可总结为三种造型：蚕体龙纹、虎体龙纹、蛇体龙纹。

1.蚕体龙纹

蚕体龙纹包括团龙纹和条形龙纹两类造型特征。团龙纹以多个弯曲的蚕虫构成龙身，每一个弯曲的蚕虫周围用白色绕丝线盘曲成云纹连接起来，龙头也以白色的绕丝线绣成憨态可掬的造型，并用圆形亮片点睛，组合成蚕体龙形纹中的团龙纹饰。在不同地区，这种团龙样式结构造型与制作工艺是相同的，所不同的是颜色的搭配。贵州黎平尚重地区喜好用橙色作为蚕体和白色绞线搭配，而洋洞等一些村落则喜欢用牙黄绿来作为蚕体的色彩，整个色调更加轻盈通透，常常运用在侗族出嫁女子的盛装围裙，孩子的童帽、围涎，以及服装的衣袖边饰、门襟边饰之中（图7-38）。

童帽中的团龙纹

女子服装衣袖中的团龙纹边缘装饰

图7-38　蚕体龙纹中的团龙纹饰

条形龙纹一般是由一个或三个弯曲扭动的蚕体组合成一条直线形龙纹，弯曲的蚕体穿插在白色绞线中，仿佛游走在云层中，动感十足。条形龙纹一般是以"二龙戏珠"的形式存在，如图7-39所示，在侗族女子出嫁时的围裙边饰中，常以"二龙戏珠"的形式来装饰围裙的四周边缘。

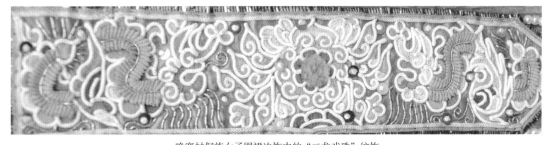

尚重镇侗族女子围裙边饰中的蚕体龙纹

晚寨村侗族女子围裙边饰中的"二龙戏珠"纹饰

图7-39　侗族服饰中的条形龙纹

2.虎体龙纹

虎体龙纹是依据其造型样式而命名，由一个独立的蚕虫身躯构成，并在蚕体部分增加了足部与背部装饰，构成形似虎状的龙形纹样。如图7-40所示，贵州黎平水口地区侗族女子披肩中的龙纹形态，主要以具象的、独立的蚕体作为龙纹主体，加之双脚前行，形似一只蓄势而出的猛虎。

图7-40　侗族服饰中的虎体龙纹

3.蛇体龙纹

蛇体龙纹依据其躯体造型类似于蛇身而命名。如图7-41所示，从江小黄、黎平三龙等地区的龙纹造型，一个以錾刻工艺刻绘在银饰中，一个以刺绣工艺镶嵌在嫁衣的门襟上，虽然材质各不相同，但形态均以长条形的蛇体作为主体，盘曲蜿蜒，构成蛇体龙纹。

侗族女子围裙装饰银片中的錾刻蛇体龙纹

侗族女子外套领口上的刺绣蛇体龙纹

图7-41 侗族服饰中的蛇体龙纹

综合来看，这三种龙纹形态基本上囊括了贵州地区侗族服饰中的龙纹形态，在色彩、材质、造型上各有特色，龙的内在构成以蚕、虎、蛇三种形态为主。那么构成龙纹的这三种动物之间有没有联系呢？为什么侗族嫁衣中会有不同形态的龙纹呢？

《管子·水地》中记载："龙生于水，被五色而游，故神。欲小则化如蚕蠋，欲大则藏于天下……"❶《荀子·蚕赋》注引《蚕书》时提出"蚕为龙精"。由此可以看出在古人意识里蚕和龙被看作一体。骆宾基先生在其《说龙》一文中认为蚕与龙作为图腾而逐渐形成一体。据说，炎帝神农时期初创命氏文字时，神农族与轩辕族两个氏族语言不同，神农炎帝族被称为"蚕"，轩辕炎帝族被称为"龙"。后来因轩辕族成为主流支系，蚕的本称就逐渐退出，而以龙图腾流传至今。

同时，骆宾基先生又引甲骨文的"辰"字作 🜛 或 🜙，说这是蚕在寻觅作茧的角落，或身旁有茧为标志，是为"苍龙"。从蚕的本体角度来说明蚕与龙自古即是一体，是一物两称，可以相互转化。

❶ 管仲.管子·水地（卷第十四）[M].李山，轩新丽，译注.北京：中华书局.2019：555.

关于蚕、虎、蛇，屈小强在《古羌——蜀人的虎——鱼——蚕崇拜》一文中谈到，虎与蚕均是西南汉藏语系中的图腾崇拜，与任乃强在《四川上古史新探》一书中的看法一致。他列举了巴蜀铜器中的纹饰符号，认为几乎所有的虎纹都呈现出蚕的形状，条状虎纹很少出现，基本是以蚕体出现。同时，他也认为，"蚕在巴蜀符号中是一个无所不在的神灵，既可幻化为蛇，也可神化为虎，所谓巴蛇、白虎等不过是蚕的不同隐语。"❶20世纪40年代，闻一多在其《伏羲考》一文中也谈到龙与蛇的关系，他认为龙是一个图腾，是由许多不同的图腾综合而成。在各图腾还没有形成一体的时候，龙即是一种大蛇，这种大蛇的名字便叫作"龙"。从以上学者的分析中可以得知，在古代西南地区，蚕、虎、蛇是当地民族心中的崇拜之物，它们之间的形态可以互化。结合侗族服饰中的几种龙纹形态可以看出，其形成过程与我国古代蚕龙图腾崇拜，西南巴蜀的蚕、虎、蛇一体等文化有着密切的关系。

首先，蚕体龙纹与相邻的古代楚国、蜀国蚕文化有着一定联系。其形象主要存在于黎平北部与榕江的东北部区域，这两块区域在古代实际上与楚国是一体的，养蚕业也非常有名。如在清代的《黔南苗蛮图说》中载有"少女称丝技更优"，即当时蚕桑业发达，不仅用以自身的蔽体、美饰，还可以作为商品进行销售，这种实用功能逐渐形成了人们对蚕的爱护与崇拜。同时，蚕蛹的蜕化重生更增添了侗族人对其的敬畏。因此，蚕与龙的合体作为侗族女性嫁衣中的主体图形语言也就顺理成章了，这也成为古代侗族与周边文化相互交融的见证。

其次，与汉族文化的影响有关。刘锡蕃在《岭表纪蛮》中称侗族先民为"老汉人"，即广西这一区域的侗族可以推测是汉族人的后裔。龙是我国汉族文化中的根脉，如"龙根""龙种""龙的传人"等。在侗族女子的嫁衣中，蛇体龙纹符号与汉族龙纹的形态如出一辙，主要装饰在侗族嫁衣围裙的银片、门襟边饰中。可以推测，从江这一地区的侗族族群婚嫁服饰中的龙纹符号受汉族文化的影响，从而形成了蛇体龙形样式。

最后，西南地区的蚕、龙、虎、蛇在古代就被看作是同一物种，仅是称呼与语言的不同而形成了不同的说法，至后世逐渐被人们独立开来形成了各自独立的图腾符号。而在现代侗族服饰中却能够见到将这四种图腾综合起来形成的不同龙纹形象，无论是蚕体龙纹、虎体龙纹还是蛇体龙纹符号，龙是侗族盛装中最为主要的图腾符号之一。这也是侗族文化在继承上古时期原始文化的基础上，融合了不同文化元素而形成今天侗族服饰中独特的纹饰符号。

（二）凤纹

凤纹是鸟形的极致形象，是我国传统的吉祥图腾符号。凤纹在我国商周时期以雄浑、肃穆为主要特征，春秋战国时期的丝织纹饰中以婉转翩跹的S形为特征，秦汉时期拙朴、简洁，魏

---

❶ 任乃强.四川上古史新探[M].成都：四川人民出版社，1986：69.

晋时期飘逸，隋唐时期雍容华贵等，反映出凤纹的变化与时代的发展有关。

在古越人时代有崇鸟的习俗。如祁庆富在《西南夷》中说："濮越族群的原始图腾主要有两类，一是龙蛇等两栖爬虫，一是鸟。……濮越文化的重要象征——铜鼓上多有鸟类图案，人物也多为羽人，表现出图腾崇拜，前人多有论述。雒越之雒，即为一种鸟名。古代百越有鸟田传说。有人认为雒鸟是古越人一支的图腾。"❶闻一多在《伏羲考》中转引《博物志·异鸟》记载：越地深山有一种形似鸠的鸟，羽毛青色，名叫冶鸟，白天呈鸟形，夜晚成人形，越人称为越地巫祝的始祖。《吴越备史》（卷一）中也记载鸟与人的关系："有罗平鸟，主越人祸福，敬则福，慢则祸，于是民间悉图其形以祷之。"❷在今天侗族的日常生活中，人们依然沿袭了祖辈们崇鸟、爱鸟的习俗，二者在装饰中也常常不分。在鼓楼、风雨桥、服饰中都大量地使用凤鸟的纹样，主要表现为"鸟羽为饰"与"龙飞凤舞"两种造型符号。

1.鸟羽为饰

侗族服饰中常常以鸟羽作为装饰，如图7-42、图7-43所示，在侗族女子出嫁服饰或节日盛装中，用鸟羽作为边饰来装饰女子出嫁时所穿着的飘带和节日盛饰中的头饰，这种鸟羽为饰的习俗与古代人们的生产生活方式有着一定的联系。元代王祯《农书·农器图谱集》之四中记载，古代农田的耕种最初是由"鸟耘"发展而来，我国乡村"人耘"的最初印迹来源于"鸟耘"。说明"鸟耘"自古有之，侗族社会的农业从刀耕火种

图7-42 龙额乡侗族女子飘带上的鸟羽流苏

图7-43 肇兴镇侗族女子头饰上的鸟羽装饰

---

❶ 祁庆富.西南夷[M].长春：吉林教育出版社，1990：20-21.

❷ 张柏如.侗族服饰艺术探秘[M].台北：汉声杂志社，1994：23.

的时代开始，也同样经历了"鸟耘"的历史，鸟在侗族中不仅是崇拜之图腾，也是人们身边的陪伴之物。

至今侗族仍保留着独特的香禾糯稻、鸭、鱼农业生态系统，这也许是由"鸟耘"遗存下来的。服饰中以鸟羽为饰是人们在日常生产生活中形成的一种符号语言，以此来记录人们生活中所关联的一切自然之物。

2.龙飞凤舞

凤鸟一般与龙纹结对出现在女子盛装中。榕江侗族女子出嫁时所穿着的外套袖口边饰中的凤纹与团龙纹组合形成龙飞凤舞的场景，双凤与团龙相伴而舞动，白色的绞线盘曲出凤灵动的体态，飘动着的长长的羽翼和尾羽与团龙纹、云纹相呼应（图7-44）。

图7-44　贵州榕江县乐里镇侗族女子服饰中的"龙飞凤舞"纹样

榕江地区女子出嫁银凤冠中的凤由一大一小双凤组合构成，其造型具象而立体，整个凤形在造型上使用了花丝镶嵌工艺中的錾刻、绞丝、镂空等技艺，从凤冠、凤眼、凤羽、凤尾的刻画中可以看出其形态来源于日常生活中鸡的造型，装饰工艺上则夸张其肌理效果，将凤羽的细密与飘逸感、凤冠的立体感、凤眼的神采等通过银的质感传达出来，其中凤纹口衔鱼形流苏则更增添了嫁衣中所蕴含的爱情美满、多子多福之意，显示出精巧的工艺（图7-45）。

黎平水口、从江洛香等地区侗族披肩中宝剑头花瓣上的凤纹，而与之相邻的花瓣上的则是龙纹，龙凤组合形成披肩中12个花瓣的图腾符号，凤纹形象由长长的孔雀尾羽和体态轻盈的鹤构成，与相邻的龙纹组合构成龙飞凤舞的图案，象征着爱情美满（图7-46）。

湖南通道侗族服饰中的凤纹以几何形为特征，整个凤鸟纹由菱形和半菱形组合而成，最终又形成菱形的、飞舞的凤鸟纹。一个菱形的凤鸟纹头头相对又组合成一个大的菱形轮廓，成为侗族织锦中非常有特色的纹饰之一。当四个凤鸟纹组成的菱形呈现出二方连续纹样时，菱形的边缘又连续成一条几何形的抽象龙纹形状，巧妙地将龙凤纹样完美组合在一个画面之中（图7-47）。而贵州榕江地区侗族女子服饰中的凤纹则更加具象和立体，以单个的形体出现，与蝴蝶、鱼纹等组合成一个自然世界。凤纹身体中镶嵌立体的彩色亮片，并运用折叠绣手法突出其局部构造（图7-48）。

图7-45　侗族女子银凤冠上的凤纹

图7-46　侗族女子披肩花瓣中的刺绣凤纹

正面　　　　　　　　　　　　　　　　　　　背面

图7-47　湖南侗族儿童上衣中的抽象凤纹

　　综上所述，纹饰是侗族传统服饰中的重要组成部分。我们将上文中的几种龙凤纹饰集中在一起进行对比（表7-4），从中可见，不论是"鸟羽为饰"中的鸟羽实体符号语言，还是"龙飞凤舞"中的凤鸟图形语言，侗族传统服饰中的凤鸟纹样造型都与我国传统汉文化中的凤纹有

抽象形凤纹　　具象形凤纹

图7-48　湖南通道儿童外套中的抽象形凤纹与贵州榕江刺绣围裙中的具象形凤纹

着一定的相似性。作为传统服饰中的一个代表性符号，凤鸟纹不仅有着祝福与吉祥之意，同时还吸收了汉族礼仪服饰文化特征，具有尊贵、地位与权力的象征。我们知道，一种纹饰的符号意义，不仅仅是它所表达的个体的思想情感，也在于它能够让整个族群达成共识，形成约定俗成的观念，构建整个族群共有的、具有代表性、象征性的记号或图形符号。这种由单一的具象纹饰上升到抽象符号的过程，是人类文明从自然界的图形到社会文化中的文字符号所历经的过程。侗族纹饰作为民族文化符号，通过象形、比拟、表意等表现手法，表达了它独特的母性社会文化的象征意义。在现代侗族服饰文化中，许多纹饰符号和服饰造型样式依然隐含着古老的母性文化特征。

表7-4　侗族的几种龙凤纹归纳

名称	具象形	半抽象半具象形	抽象形
凤			

续表

名称	具象形	半抽象半具象形	抽象形
龙			

结
语

侗族传统服饰从早期的葛、麻到蚕丝、棉花等材料的发展以及相应的编结、纺、染、织、绣等技艺实践，创造出了丰富、纷繁的民族服饰文化符号。随着材料与技术的使用逐渐从简单走向复杂，从实用性原则来看，这些越来越复杂的服饰材料与技术并不符合人们最初所追求的方便实用的功能。那么显然，在服饰材料与技术上，人们愈加追求丰富和复杂，这一行为违背了早期人民为了生存而形成的技术需求。从对古代侗族服饰的形成脉络和现代侗族传统服饰的外观造型、配饰纹饰、技术原理、承继方式等分析来看：侗族服饰自宋代形成以来，以高髻和凤冠、排钗和冠梳、多环项圈和项链等盛饰的装扮为主要特征，外观款式上以包肚的遮掩、绑腿的缠裹、多层穿戴为习俗，以自织葛布到自制亮布为材料等，这些都是侗族传统服饰中抛弃人与衣之间的舒适性、便捷性的外化符号，也是侗族服饰的表层文化。但在侗族传统服饰的表象文化之下，还存在着一定的内在深层文化。女性们不断地将服饰材料变得越来越带有族群特征，将技术工序变得复杂而耗时，其本身就带有侗族自己的文化主动性。比起实用性功能这一条件而言，侗族族群文化中自身所特有的母性崇拜观念应该是推动古代侗族服饰材料与技术发展的根本原因之一。

故而，对于侗族传统服饰而言，技术的发展是其核心因素，也是侗族传统服饰文化基因呈现出的一个首要符号。侗族女性对传统服饰文化的勾勒以及服饰价值理念所表达出的人体、社会、衣着这三者之间的内在联系，最终反映了侗族传统服饰表象背后的文化价值观。

造物是人类的思维与自然之物相结合而形成的一种创作过程。这个过程中凝聚了人类对物的实践、思考。邵琦在其《中国古代设计思想史略》一书中提出造物是取材于自然，施之以人工而改变其形态与性能的过程。造物思想是人类造物过程中的指导思想，它不仅包含着造物过程中作为造物者的人所体现出来的原则、依据和预想，同时也表现为被造物者所创造出来的"物"所折射出的社会思潮、科技文明、历史文化。"共生"最早是生物学概念，现在被广泛引入哲学、社会科学等研究领域。它泛指事物之间或单元之间形成的一种和谐统一、相互促进、共生共荣的关系。共生的造物思想引申到服饰的创造中来看，则是指服与饰在特定的文化场域中形成的创造与穿戴现象，按照相应尺度、比例以及材料等形成相互依存的关系，达到提高服饰实用和审美价值的目的。

从侗族传统服饰发展的历程来看，侗族女性在创造和穿戴服饰的时候，充分融合了服与饰的功能，以服为基础、以饰为身份的共生特性，从而实现服饰与人相互依存的关系。在前文探讨的侗族嫁衣皆以盛饰、排钗、《后汉书·梁鸿传》中女（孟光）"及嫁，始以装饰入门"等记载证明了服与饰作为出嫁女子身份的标识，也说明了侗族女子造物中包含了共生互融的价值观。从当代设计学的思维角度来看待古时侗族女子的造物智慧，亦能感受到她们对于服饰外在形式的对称性和非对称性，内在创造的审曲面势以及饰、技相随特征的完美把控。

一、对称与非对称

对称与非对称是一种客观存在的普遍审美规律。胡光义在其《论对称与非对称》一文中说到，所谓对称，就是指事物或运动以一定的中介进行某种变换时所保持的不变性；非对称则是事物或运动以一定的中介进行变换时出现的变化性。在侗族女子织造与穿戴衣物的过程中，服与饰之间相互影响、相互制约。在不同的历史进程中，在自身的发展与外来文化的影响下，服与饰的造型结构、色彩的面积搭配、图案的布局等方面产生了一定的规律即对称性与非对称性共生模式。

对称性共生模式是服与饰组合中非常基础、平稳的一种模式。叶立诚在《服饰美学》一书中提出，传统装饰图案的表达，一方面考虑视觉平衡美感，以对称形态出现；另一方面中国传统思想观念中视偶数为吉数，在数量的表征上，大多符合左右对称原则，甚至对题材内容的选定也遵循此精神。在侗族传统服饰中，对称与非对称主要从服装造型与装饰纹样来体现。首先，在造型款式上，服装依据人体对称比例呈现出对称的形态。如外套、长衫、短衬衫以及孩童的坎肩、男性的上装等均呈十字型对称结构。其次，纹饰的对称与配饰的对称是侗族传统服饰中饰的主要特征。侗族传统纹饰中"二龙戏珠"的对称龙纹、"龙飞凤舞"的对称凤鸟纹、头饰中的银钗两边对称插戴、围裙与飘带的前后对称穿戴等，均体现出强烈的秩序感。最后，服与饰对称共生。如门襟边饰与项饰的组合、领口边饰与项圈的组合、袖口边饰与手饰的组合，构成服与饰对称共生的生动形态。

当然，非对称的服与饰造物形式在侗族传统服饰中的呈现也较为突出，包括服与饰整体非对称比较，以及单个服或饰的不对称比较。如图8-1、图8-2所示，贵州、湖南侗族重银地区出嫁女子穿戴的服装较为纯粹，以侗族特有的亮布为主材，突出亮布的光泽与色调，衣身本体除了在袖口与门襟等边缘处装饰外，基本没有任何其他添加之物。

但在朴素简洁的服装基础之上，侗族女性佩戴多而重的饰品，银饰从凤冠到围裙再到腰带，覆盖了服装的主体部分，将饰融入服中，同时也突出盛饰特征。湖南通道与广西三江部分地区的侗族女子出嫁服饰中的银饰则主要集中在头部与颈部，将整个头部、颈部与胸部覆盖。饰品的繁多与服装的简洁形成鲜明的对比，以朴素的服装与繁华的饰品形成了非对称共生模式，视觉上显得更加富有变化，同时也突出了排他性，用饰品的"盛"来突出传统服饰中某一特定身份的特殊地位，强调了族群区域性身份与特征。

在侗族传统服饰中，就服与饰单个个体来说，也强调其不对称特征。服主要表现在外套的款式中，如侗族女子服饰中的右衽大襟和斜襟均为非对称的结构，门襟处中心破缝，但均在右前片处拼接一块门襟，形成大襟或斜襟，以不对称的形式构成了左、右片的不等量，并在门襟处镶嵌绣片突出其不对称特征。饰的不对称以偏髻与银饰组合为主要特征，在从江高增小黄侗寨女子的头饰中则以高髻偏左为主要特征，形成不稳定的动感，在髻的顶端插一个高而多层的

图8-1　贵州黎平县双江乡侗族女子出嫁嫁衣与配饰非对称样式　　图8-2　湖南通道县女子出嫁嫁衣与配饰非对称样式

树形凤冠，在髻的左侧插一支带有流苏的银钗，流苏的摇摆、垂落和头顶的昂首向上的凤冠形成一上一下的对比。髻的右侧则插戴一把带有流苏的银梳，使得偏髻及其上的凤冠与银钗构成了一种平衡，也使头部装饰左右均衡，虽然饰品形态不同，但其组合构成使得整个头部形成了均衡感，与榕江等其他地区银钗两边对称插戴的方式共同组成了对称与非对称的造物语言。

二、审曲面势，饰、技相随的造物观

《考工记》中记载"国有六职，百工与居一焉。……或审曲面势，以饰五材，以辨民器，谓之百工。""审曲面势"是指工匠做器物，要仔细察看曲直，根据不同情况使用材料，即物尽其用、因材施工，就材加工、量材为用的造物原则。

侗族传统服饰材料、结构、装饰等都极具个性特色。从织造观念上来看，注重材料本身的质感，讲求材料尺寸与结构的合理搭配，内外形态的繁简组合，实用与繁复礼仪交叠的技术之道。以亮布材料为例，在前文中已经提到，亮布是侗族传统服饰必不可少的材料之一，复杂而独特的技术过程造就其具有特殊的光泽、布幅窄、质硬而光滑的特点。在侗族传统服饰中，尤其以暗红色光泽的亮布为上等，因此由亮布制作而成的服装表面的装饰极少，即使有装饰，也大都是在门襟边缘和袖口边缘处稍有添加，其余皆以亮布的基本材料为主，突出亮布本身的光泽和质感。亮布制作工艺的复杂性突出了其本身的珍贵，加之布幅偏窄，创作者沿袭古代的"布幅决定结构"的观点，以平面的十字型结构制作成衣，避免面料的浪费和布幅的不完整。

因此服装的款式基本上偏向合体，门襟的拼接、袖身一体的结构、边缘装饰等均与亮布材料的特性相连。例如侗族不同地区的女子亮布外套的门襟处大都镶嵌一块独立的衣片，长度有的达到腋下处成为大襟样式，有的达到衣身一半之处，成为斜襟样式等，体现了结构上因材而造的思路，不过多的破坏亮布本身的尺寸，而是利用亮布本体的宽度，通过拼接的手法组合成不同样式的门襟变化，传达出不同区域侗族女子服装外套的多重语言。这种因材而造、顺势而为的技术思想充分体现出侗族女子的造物智慧。同样，亮布硬朗的质地也给予褶裙坚固的细褶，亮布的幅宽正好适合腿部的围度，给予绑腿恰到好处的裁片。因此，可以说侗族女子在创造服装的过程中充分把握了材料与构成的尺度，使衣与材料之间相生相合，在方寸之间发挥出自己的造物智慧。

在技术与制作工艺上，造物思想与技术、装饰也是相伴相生的。在侗族传统服饰中，传统外套的十字型结构，中心破缝，袖身相连，需要拼接袖长，因此其缝份较多。如外套的后中心线、两条接袖缝线、两侧缝份处缝线、门襟处的拼接缝等。穿着时，过多的线迹会掩盖服饰简练的十字型结构特征，而使服饰外观呈现不完整性和拼接感，因此，在缝份处镶嵌花带或刺绣纹样，可以使服装最大限度地保持外形的单纯与合理性，这种设计构思事实上也促成了侗族传统服饰特有的边缘装饰。同时，边缘装饰又大量地镶嵌剩余的边角料，增加服装表面的装饰性，也相应提高了服装的牢固性与层次感。褶裙也是女子下裳中的主要组成部分，褶裙是由许多尺寸裁剪相同的亮布组合而成，在前文中提到不同区域的褶裙裁片不同，最多达到40多片。将每一片折成无数个细褶，拼接成圆形的褶裙，拼接的接缝也被隐藏在这些细褶之中，外观上形如一块完整的布料。

综上所述，侗族女性在对自然界中造物材料认识的过程中，不仅能够把握材料的特殊自然机能，强化材料的自然属性，还能以精湛、繁复的技术来衬托和成就服装外在形态的简洁，继承了我国古代传统造物"审曲面势"的设计理念，同时也创造出材料的特性与技艺、装饰相融相合，"饰、技相随"的造物方式。从美学法则上看，这种造物方式将服饰中的衣之简、饰之繁、技之精的女子造物思想与社会生活相互融合，呈现出质朴的造型样式和特点，从而反映出一种"精而造疏，简而意足"的美学原则。总之，侗族传统服饰中女性的造物智慧、审美观念以及因材造衣与日常生活、生产密不可分。装饰与实用的理念始终是侗族女性实践活动的主线，为其他活动的展开奠定了物质和精神基础，反映出侗族传统服饰文化艺术性特征的形成过程。

总之，从古代社会到现代社会，侗族不断地与自然环境和社会环境相适应而形成了自己独特的民族文化，不仅拥有远古时期的采集、渔猎文化，农业社会的农耕文化，延续着百越民族古老的母系文化体系，也囊括了中华文明中的母性文化特征。

母性是人类社会最原初的、有温度的一种特质。母性文化是女性文化的一个组成部分，突出的是女性成为母亲这一角色之后所产生的思维方式、生活方式和在社会生活中所处的身份与作用，最明显的就是对生命的繁衍和对生命的养育与保护。我国少数民族中的母性文化大多存在一种原始崇拜文化，主要来自原始社会的生殖崇拜，这种生殖崇拜是母性文化的一部分，但并不是全部。在以农耕社会为主的少数民族族群如侗族社会中，母性文化不仅表现在生命繁衍的基础上，也包括在生命的成长过程中所付出的一切思虑与劳作，以及对整个族群未来生存、发展的关注与贡献。侗族服饰是承载母性文化的一种独特语言，是穿在身上的历史画卷，不仅承载着百越民族的形成、繁荣以及各族群独立等发展脉络，最为特色的是承载着我国传统母性文化符号特征。

因此，我们从母性文化的视角展开，依照社会性别进入服饰主题，从侗族服饰的形成到男女服饰的分离、孩童服饰的母性融入、女性视角下的男性服饰、女性传统手工技艺的形成与传承、侗族服饰纹样中的母性符号表征等，分析描绘侗族社会结构、宗教信仰、婚姻礼仪、风俗习惯所形成的因素，从而探索侗族服饰与母性文化之间的血脉联系。在新时代非遗传统服饰文化与科技创新的交互融合发展中，侗族服饰文化的保护、传承与弘扬也是我们每一位记录者、研究者所应该承担的历史使命。

参考文献

[1] 高承.事物纪原[M].中华书局编辑部，点校.北京：中华书局，1989.

[2] 张廷玉，等.明史[M].中华书局编辑部，点校.北京：中华书局，1974.

[3] 王初桐.奁史·钗钏门[M].陈晓东，整理.北京：文物出版社，2017.

[4] 周诚之.龙胜厅志[M].龙胜县档案史志局，整理.好古堂影印本，2016.

[5] 杨森.贵州边胞风习写真[M].贵阳：贵阳西南印刷所，1947.

[6] 安妮·霍兰德.性别与服饰：现代服装的演变[M].魏如明，译.北京：东方出版社，2000.

[7] 列维–布留尔.原始思维[M].丁由，译.北京：商务印书馆，1981.

[8] 周汛，高春明.中国古代服饰风俗[M].西安：陕西人民出版社，2002.

[9] 梁启超.中国文化史[M].北京：中华书局，2015.

[10] 沈从文.中国古代服饰研究[M].上海：上海书店出版社，2005.

[11] 邵琦.中国古代设计思想史略[M].上海：上海书店出版社，2009.

[12] 朱绍侯，等.中国古代史（上）[M].福州：福建人民出版社，1980.

[13] 蔡和森.社会进化史[M].北京：东方出版社，1996.

[14] 吕振羽.史前期中国社会研究[M].北京：人文书店，1934.

[15] 张允熠.阴阳聚裂论[M].长春：北方妇女儿童出版社，1988.

[16] 何光岳.百越源流史[M].南昌：江西教育出版社，1989.

[17] 杜薇.百苗图汇考[M].贵阳：贵州民族出版社，2002.

[18] 阚海娟.梦粱录新校注[M].成都：巴蜀书社，2015.

[19] 朱存明.汉画像之美：汉画像与中国传统审美观念研究[M].北京：商务印书馆，2017.

[20] 吴风.艺术符号美学：苏珊·朗格符号美学研究[M].北京：北京广播学院出版社，2002.

[21] 贾玺增.中国服饰艺术史[M].天津：天津人民美术出版社，2009.

[22] 季晓芬.近代肚兜掠影[M].北京：中国纺织出版社，2020.

[23] 潘健华.肚兜寄情文化史[M].上海：上海大学出版社，2014.

[24] 党红梅.女性思维的流变[M].银川：宁夏人民出版社，2014.

[25] 王炜民.中国古代礼俗[M].北京：商务印书馆，1997.

[26] 过竹.苗族源流史[M].南宁：广西民族出版社，1994.

[27] 刘锡诚.中国原始艺术[M].上海：上海文艺出版社，1998.

[28] 倪建林.装饰之源：原始装饰艺术研究[M].重庆：重庆大学出版社，2007.

[29] 文新，等.雄王时代[M].梁红奋，译.梁志明，校.昆明：云南省历史研究所，1980.

[30] 张德信.明朝典章制度[M].长春：吉林文史出版社，2001.

[31] 程勇真.先秦女性审美研究[M].北京：中国社会科学出版社，2013.

[32] 郑素华.儿童文化引论[M].北京：社会科学文献出版社，2015.

[33] 范明三.中国的自然崇拜[M].香港：中华书局，1994.

[34] 杨权，郑国乔，龙耀宏.侗族[M].北京：民族出版社，1992.

[35] 赵国华.生殖崇拜文化论[M].北京：中国社会科学出版社，1990.

[36] 李宏复.枕的风情：中国民间枕顶绣[M].昆明：云南人民出版社，2005.

[37] 王箐.楚国物质生活文化研究[D].合肥：安徽大学，2018.

[38] 包铭新，曹喆，崔圭顺.背子、旋袄与貉袖等宋代服式名称辨[J].装饰，2004（12）：89-90.

[39] 李晓红.歌与诗的起源及原始功能异同[J].名作欣赏，2012（10）：132-133.

[40] 殷安妮.清宫马褂[J].紫禁城，2008（11）：39.

[41] 许静.宋代女性头饰设计研究[D].苏州：苏州大学，2013.

[42] 朱茉丽.20世纪上半期中国马克思主义原始社会研究探微[D].济南：山东大学，2018.

[43] 胡迪.与"女"相关的古汉字图形研究[D].南京：南京师范大学，2015.

[44] 伍文义.布依族《摩经》语言文化研究[D].上海：上海师范大学，2012.

[45] 金晖.土家族民间造物思想研究[D].武汉：武汉理工大学，2014.

[46] 廖君湘.南部侗族传统文化特点研究[D].兰州：兰州大学，2005.

[47] 李运益."鞸、袚、韐"是不是蔽膝（围裙）：对古代名物字考释的探讨[J].西南大学学报（社会科学版），1978（4）：98-105.

[48] 屈小强.古羌——蜀人的虎——鱼——蚕崇拜[J].西南民族大学学报（人文社会科学版），1993（5）：14-15.

[49] 廖开顺，石佳能.侗族远古神话传说的美学基因[J].贵州民族研究，1995（9）：111-119.

[50] 宋兆麟.从民族学资料看远古纺轮的形制[J].中国历史博物馆馆刊，1986（6）：3-9.

[51] 姜大谦.论侗族纺织文化[J].贵州民族研究，1991（2）：64-70.

[52] 王子今.汉代"襁褓""负子"与"襁负"考[J].四川文物，2019（6）：62-68.

[53] 仪平策.论中国母性崇拜文化[J].民俗研究，1993（1）：58.

[54] 谭生力.说"内"[J].汉字汉语研究，2018（12）：77.

[55] 朱广宇.论中国古代陶瓷所体现的造物艺术思想[D].南京：东南大学，2005.

[56] 刘玮玮.老子母性伦理观与拉迪克母性思考之比较[J].山西师大学报（社会科学版），2011（5）：112-115.

内 容 提 要

本书通过文献资料与田野考察资料的对照，详细阐述了我国湖南、广西、贵州等不同地区的侗族服饰历史发展脉络，分析了西南侗族服饰的分流、变迁及其结构特征、材料技艺、饰品种类、穿戴风俗等，阐释了侗族服饰中的母性文化不仅由古老的蚕虫文化、母系氏族文化等组成，也集合了百越部落中相邻支系的文化习俗以及中原地区的汉族服饰礼仪文化特征等。

全书图文并茂，内容翔实，图片丰富精美，具有较高的理论意义和价值，不仅适合高等院校服装专业师生学习，也可供服装从业人员、研究者参考使用。

图书在版编目（CIP）数据

服饰的温度：母性文化视野下西南侗族服饰研究 / 张国云著. --北京：中国纺织出版社有限公司，2024. 10. --（中国传统服饰文化系列）（国家社科基金艺术学项目丛书）. --ISBN 978-7-5229-2182-2

Ⅰ.TS941.742.872

中国国家版本馆 CIP 数据核字第 2024DA7835 号

责任编辑：李春奕　　责任校对：高　涵　　责任印制：王艳丽

中国纺织出版社有限公司出版发行
地址：北京市朝阳区百子湾东里 A407 号楼　邮政编码：100124
销售电话：010—67004422　传真：010—87155801
http://www.c-textilep.com
中国纺织出版社天猫旗舰店
官方微博 http://weibo.com/2119887771
北京华联印刷有限公司印刷　各地新华书店经销
2024 年 10 月第 1 版第 1 次印刷
开本：889×1194　1/16　印张：16.75
字数：300 千字　定价：168.00 元

服饰的温度

——母性文化视野下西南侗族服饰研究